Peter Rohrsen

Das Buch zum
Tee

Sorten – Kulturen – Handel

C.H.Beck

Mit 39 Abbildungen, davon 17 in Farbe,
und 9 Karten

© C.H.Beck oHG, München 2022
www.chbeck.de
Umschlaggestaltung: Kunst oder Reklame, München
Umschlagabbildung: Teeplantage in der Nähe von Nuwara
Eliya, Sri Lanka, © Xsandra, Getty Images
Satz: Janß GmbH, Pfungstadt
Druck und Bindung: CPI – Ebner & Spiegel, Ulm
Gedruckt auf säurefreiem und alterungsbeständigem Papier
Printed in Germany
ISBN 978 3 406 79136 9

klimaneutral produziert
www.chbeck.de / nachhaltig

INHALT

VORWORT

Saget se, hend se au oschdfriesischa Tee? Weil ausländischa Tee, den kaufet mir net!» Der Teehändler auf dem oberschwäbischen Wochenmarkt in Biberach nickt, gibt der älteren Kundin eine Packung Ostfriesentee und lächelt. Immerhin: Ostfriesland, rund 770 Kilometer im Norden, ist kein Ausland, das ist ihr klar. Und es ist die einzige Region in Deutschland, die eine eigene Teemarke hervorgebracht hat. Aber – ihren patriotischen Glauben an «Made in Germany» als Gütesiegel in Ehren – Tee wächst in Ostfriesland nicht. Er wird dort nach altehrwürdiger Tradition gemischt, aus verschiedenen kräftigen Schwarzteesorten aus dem «Ausland», vor allem Assam, Java, Ceylon und gelegentlich Darjeeling.

Das wussten Sie schon? Dann gehören Sie sicher zur Minderheit der Teefreundinnen und Teefreunde im Meer der Kaffeetrinker hierzulande. Oder Sie besitzen eine gute Allgemeinbildung. Dass es sich für Sie dennoch lohnt, die folgenden Seiten zu lesen, wünsche ich Ihnen und mir sehr. Meine mehr als 50 Jahre Erfahrung als suchtgefährdeter Teetrinker und Stammkunde verschiedener Teehandelshäuser in Hamburg, Bremen, Meckenheim und Potsdam sind hier zusammengefasst. Und als Regionalleiter Asien bei der alten Carl Duisberg Gesellschaft in Köln in den 1980er Jahren, mit Schwerpunkt wirtschaftliche Fortbildungskooperation mit China, Indien und Südostasien im Auftrag der Bundesregierung. Seither kamen ziemlich regelmäßige Reisen in die wichtigsten Teeländer dazu. Bekanntschaften, in einigen Fällen auch Freundschaften, mit indischen, sri-lankischen und anderen Produzenten und Händlern und ihren deutschen und englischen Part-

nern im Teegeschäft entwickelten sich im Laufe der Jahre zur bleiben-
den Freude. Eine kleine, gern gelesene Bibliothek zum Thema be-
ansprucht inzwischen viel Platz im Regal.

Nach meinem Rückzug aus dem aktiven Berufsleben habe ich dieses beständige Interesse an allem, was mit der Teekultur in Asien und
Europa zusammenhängt, zu Fachkenntnissen vertieft. Als einer der
ersten Teilnehmer habe ich 2007 / 08 eine Qualifikation zum TeeSommelier bei TeeGschwendner in Meckenheim, der IHK Rhein-Sieg und
am Institut für Ernährungsphysiologie der Universität Bonn durch-
laufen. Mein erstes Teebuch (ein Taschenbuch in der Reihe C.H.Beck
Wissen, 2013) ist inzwischen fast vergriffen und erscheint 2022 in einer
türkischen Ausgabe.

Das Bändchen hat manchmal unvorhergesehene Folgen. «Hallo,
Sie sind doch Tee-Experte. Wir machen hier ein TV-Feature über
Wellness-Tees mit Verkostung und allem. Hätten Sie nicht Lust …?»
«Na ja – ich habe so meine Bauchschmerzen mit dem Wellness-Ge-
döns, gerade in Verbindung mit Tee. Ich bin da sicher nicht der Richtige für Sie.» Der Redakteur am Telefon ließ sich nicht entmutigen:
«Sie haben doch neulich bei den Indischen Filmtagen in Stuttgart …» –
«Ja, aber das war ein Vortrag über Darjeeling-Tee und Europa. Nix mit
Wellness. Im Übrigen weiß ich gar nicht, was das sein soll. Ich habe
16 Jahre an der Uni Göttingen englische Kulturgeschichte erforscht
und gelehrt – das Wort *Wellness* gibt's im Englischen ebenso wenig
wie *Handy*. Und was das mit Tee zu tun haben soll, weiß ich auch
nicht.» «Oh, Sie sind kritisch – eigentlich genau das, was wir suchen.»

Das Ergebnis war absehbar: Verkostung von verschiedenen «Wellness-Tees» von Discountern und renommierten Teefirmen, vor lau-
fender Kamera, mit netten Probanden, montagmorgens vor Laden-
öffnung in einem Berliner Teegeschäft, dessen mürrischer Inhaber
ständig zur Eile drängte. Immerhin, auf ein bisschen Gratis-PR wollte
er denn doch nicht verzichten. Aufgeschlitzte Teebeutel, zusammen-
gezogene Augenbrauen, Schlürfen, Gelächter, am Ende das obligate
Ranking. Und ein Überfallbesuch des gesamten Teams bei uns zu

Hause zu einer – dann auch gefilmten – Teestunde. «It's teatime!!!», musste ich viermal, immer wieder strahlend, wiederholen, spontan mit der Kanne aus der Küche kommend, ehe der Kameramann zufrieden war, nachdem ich per Zwischenruf («Same procedure as last time, James?») steigende Unlust signalisiert hatte. Der Tee wurde inzwischen kalt, die Männer hatten es eilig und waren, wie sollte es anders sein, Anhänger des unaussprechlichen Volksgetränks mit K. und überhaupt nicht neugierig.

Ich erzähle die Geschichte, weil sie als Momentaufnahme aufschlussreich dafür ist, was man in Deutschland, Österreich und der Schweiz mit Tee spontan verbindet: Tee – vor allem grüner Tee, an erster Stelle Matcha – ist «in» als Beauty-Elixier von Filmstars, als Extrakick an der Theke der Espressobar, als Gesundheitsgetränk gegen Herzinfarkt und Demenz, sanft anregend, magenschonend und so weiter. Dass diese Art von Teekult – kräftig gefördert von Frauen- und Apothekenzeitschriften sowie umsatzstarken Firmen, die sich auf den Gesundheits- und Kosmetikmessen im Zeichen der Wellness präsentieren – vielen suspekt erscheint und Fernsehredakteure mit dem Finger im Wind zu kritischen Nachfragen veranlasst, kann einen alten Teefreund kaum überraschen. Modeströmungen, im Jargon gern als «Hypes hochgepuscht», hat es im Laufe der langen Geschichte der Teekulturen in Asien und Europa immer wieder gegeben – davon wird in diesem Buch noch zu berichten sein.

Im Deutschen ist heute «Tee» immer das Lösungswort mit drei Buchstaben, wenn im Kreuzworträtsel nach «aromatischem Pflanzenaufguss» gefragt wird. Dabei gibt es das Wort erst seit dem 18. Jahrhundert im deutschen Sprachgebrauch. Damals wurde es von den Niederländern, die aus südchinesischen Häfen als Erste den *Thee* nach Deutschland gebracht hatten, zusammen mit dem neuen Luxusgetränk übernommen. Bald wurde die exotisch-elegante Bezeichnung dann übertragen auf andere Heißgetränke aus Pflanzenteilen, die man in Europa seit der Zähmung des Feuers und Erfindung der ersten Keramikgefäße kannte. Spätestens seit Hippokrates und seinen griechischen, römischen und arabischen Nachfolgern und seit der mittelalterlichen Klostermedizin ist die Wirkung vieler Pflanzenaufgüsse bekannt und oft erstaunlich genau beschrieben.

Gegenstand dieses Buches ist der Tee im ursprünglichen Sinn, also das Getränk aus den koffeinhaltigen Blättern und Blüten des Teestrauchs *camellia sinensis L. O. Kuntze.* Andere Getränke werden als teeähnliche Erzeugnisse gelegentlich einbezogen in die Betrachtung. Vorgestellt wird zunächst die Teepflanze in ihren Hauptvarianten sowie ihre Verbreitung. Die Produktion wird dargestellt in der zeitlichen Abfolge von Pflückung, Verarbeitung, Klassifizierung, Verpackung und Transport. Ein Überblick über die wichtigsten Anbaugebiete und Teesorten sowie die Geschichte des Teehandels zwischen den Erzeugerländern und Europa schließt sich an.

Qualitätskontrolle und Produktverantwortung der Erzeuger und Händler bilden dabei einen wichtigen Schwerpunkt. Denn die meisten Konsumentinnen und Konsumenten schenken den gesundheitlichen Aspekten ihrer Trinkgewohnheiten heute zu Recht kritische Beachtung. Viele bevorzugen deshalb biologisch angebauten und beispielsweise ohne Zusatz künstlicher Aromen verarbeiteten Tee.

Der stille Zauber, der von einer genussvoll getrunkenen Tasse Tee ausgeht, hat seit Urzeiten Märchen und Legenden über wundersame Heilkräfte inspiriert. Heute sind die Wirkungen des Tees auf den menschlichen Körper Gegenstand systematischer und fortlaufender Forschungen von Ernährungsphysiologen und Medizinern weltweit. Was wir demnach wissen, vermuten oder hoffen können, wird in einem Überblick zusammengefasst.

Welche Teeländer am meisten Tee erzeugen und exportieren und wo am meisten Tee importiert und getrunken wird, sind Fragen zur weltweiten Teewirtschaft. Sie werden nicht in jahresaktuellen und entsprechend schnell veraltenden Statistiken, sondern gemäß den langfristigen Tendenzen beantwortet.

Der prägenden Rolle, die das Britische Empire für die weltweite Verbreitung der Schwarzteekultur in der Plantagenwirtschaft seiner

Kolonien und im großen internationalen Teegeschäft gespielt hat, widmet sich ein eigenes Kapitel. Nachwirkungen bis zu heutigen Lieferketten, auch einige soziale Auswirkungen auf die Beschäftigten, die von Markt zu Markt unterschiedlich sind, werden betrachtet. Die vielerorts prekäre Situation der Teepflückerinnen, die das schwächste Glied in jeder Lieferkette sind, soll dabei einen Schwerpunkt bilden.

Die Verbindung von Empire-Zeiten zu dominierenden Akteuren im heutigen Tee-Weltmarkt wird anhand einiger exemplarischer Firmengeschichten dargestellt. Dabei wird deutlich, dass diese heutigen globalen Konzerne in neuen Allianzen und mit neuartigen Teeprodukten die Zukunft fest ins Visier nehmen. Einige alternative Ansätze zur vorherrschenden Teeindustrie werden ebenfalls vorgestellt.

Mit dem deutschen Teemarkt beschäftigt sich ein eigenes Kapitel. Er spielt zwar im Weltmaßstab eine eher marginale Rolle im Massengeschäft. Aber einige Besonderheiten verleihen ihm dennoch ein international beachtetes Profil und begründen die stetige Nachfrage nach seinen Produkten. Auch dies wird anhand von zwei Firmengeschichten charakterisiert, wobei das spezielle Verhältnis deutscher Teefirmen zu Darjeeling besonders hervorgehoben wird.

Ein Streifzug durch ausgeprägte Teekulturen in Asien und Europa und ein paar praktische Hinweise zur Zubereitung bilden den Schluss. Wenn bei Leserinnen und Lesern am Ende ein bisschen mehr Verständnis, Respekt und Neugier für dieses faszinierende Getränk stehen, können wir hoffentlich John Lennons Friedenshymne abändern im gemeinsamen Wunsch: «Give tea a chance!»

Ich darf das Vorwort nicht beenden, ohne mich zu bedanken – auch stellvertretend für viele andere – bei einigen Personen, die mich bei meiner langen Teekarriere zur freudigen Abhängigkeit begleitet haben:

Dazu gehören der zu früh verstorbene Albert Gschwendner und Thomas Holz, die mit dem Angebot einer IHK-Qualifikation zum Teesommelier Pionierarbeit geleistet haben. Prof. Peter Stehle vom Institut für Ernährungsphysiologie der Universität Bonn und Dr. Tho-

mas Henn, früher TeeGschwendner, die Licht in das Halbdunkel aus
Dichtung und Wahrheit um die Wirkungen des Tees gebracht haben.
Prof. Günter Faltin, Thomas Räuchle-Gehrig und Dr. Kathrin Gassert
von der «Teekampagne» in Berlin und Potsdam, die dieses Buch initiiert haben. Der Verlag C.H.Beck in München, der in Kooperation
mit der Teekampagne das Erscheinen des Buches anstelle einer Neu-
auflage meines Bandes «Der Tee» in der Reihe C.H.Beck Wissen
ermöglicht und fachkundig – in Person von Dr. Stefanie Hölscher –
begleitet hat. Im Schoße der Familie: mein Neffe Paul Kramer aus
Biberach, nach fünf Jahren Berufs- und Tee-Erfahrung in Tokio heute
beim indischen Tata-Konzern tätig, und unsere Schwägerin Gyeong-
hae Petersen in Hamburg, die zu Recht und mit bezaubernden praktischen Beweisen darauf besteht, dass die alte Kultur ihrer koreanischen Heimat der chinesischen durchaus das Teewasser reichen kann.
Die wichtigste Person zu guter Letzt: meine Frau Barbara Petersen,
deren langjähriges Wirken in Sri Lanka das kleine Tangalle zu
unserem zweiten Zuhause gemacht hat, die meine Tee-Passion seit
vier Jahrzehnten nicht verhindert, inzwischen mit genießt und auch
dieses Buch durchaus kritisch begleitet hat.

Auf Seiten der Teeproduzenten sind langjährige Freunde wie
Merrill, Dilhan und Malik Fernando in Colombo zu nennen; der
leider jäh verstorbene Andrew Taylor in Hatton; Ashok Lohia und
Ajay Kichlu in Darjeeling und Kolkata; Simon Nihal Bell und Nee-
thanjana Senadheera in Amba, Sri Lanka; und Beverly Wainwright,
die Teeanbau von Amba nach Schottland gebracht hat und dort mit
«Nine Ladies Dancing»-Tee dem Whisky das Torfwasser abzugraben
droht.

Von allen habe ich etwas gelernt, vieles davon wird sich in diesem
Buch wiederfinden – Verantwortung und Fehler bleiben aber meine
eigenen.

I.

KAMELIENZAUBER:
DIE TEEPFLANZE UND
IHRE VERBREITUNG

1. *Camellia sinensis – Die Teepflanze*

Im Teegarten überzieht ein immergrüner Teppich aus hüfthohen, ordentlich aufgereihten Büschen die Berghänge oder sanft gewellten Hügel. Er ist ein Kulturprodukt, das Ergebnis ständiger Bearbeitung durch Menschenhand über lange Zeiträume hinweg. Kinderarmdicke Wurzeln krallen sich an den Schnittkanten der Wirtschaftswege fest. Sie verraten, dass sie eigentlich viel höhere Gewächse im Boden verankern sollten. Werden überalterte Teebüsche gerodet, sieht man die gewaltigen, bis zu 5 Meter langen Pfahlwurzeln, die mühsam aus dem Boden gegraben werden müssen.

Botanisch gehört die Teepflanze zur Gattung der Kamelien in der Familie der Teestrauchgewächse (*theaceae*). Ihr wissenschaftlicher Name *camellia sinensis* verrät das ebenso wie ihre geschichtliche Hauptverbreitung in China. Sie ist eng verwandt mit der bekannteren Kamelie (*camellia japonica*), die Gärtner in aller Welt zu immer neuen Blütenträumen züchten. Die zartweißen oder rosa angehauchten Blüten des Teestrauchs sind demgegenüber klein und unspektakulär. Die Tee-Urpflanze ist wohl beheimatet in den Bergregionen zwischen

*Darstellung der Teepflanze
in den* Amoenitates Exoti-
cae *von Engelbert Kaempfer,*
1712

Indien, China, Thailand, Vietnam und Myanmar. Es ist anzunehmen,
dass bei den dort lebenden Völkern die Wirkung der koffeinhaltigen
Blätter bekannt war. Die systematische Kultivierung des Teestrauchs
als Wirtschaftspflanze geht aber zweifelsfrei zurück auf die Tradition
im kaiserlichen China. Eine oft erzählte Legende legt die Entdeckung
in das Jahr 2737 v. Chr., als der Kaiser und Gelehrte Shen Nung (den
die Historie nicht kennt) zufällig die belebende Wirkung eines Teeblattes bemerkt haben soll, das in seine Tasse mit heißem Wasser ge-
weht war.

Man unterscheidet zwei Varianten der Teepflanze nach ihrem historischen Hauptverbreitungsgebiet: den China-Strauch (*camellia sinensis var. sinensis*) und den Assam-Strauch (*camellia sinensis var. assamica*).

Der China-Teestrauch ist kleiner und feingliedriger, erreicht
aber in freier Natur stattliche Höhen von 4–6 Metern. Seine Blätter
sind zarter, aromatischer und weniger tanninhaltig als die der
Assam-Variante. Er wächst langsam, verträgt niedrige Temperaturen, gelegentlich auch eine milde Frostnacht, und ist deshalb für den

Anbau in Höhenlagen zwischen 1500 und 3000 Metern besonders geeignet. Die Assam-Teepflanze ist im Ursprung ein tropischer Regenwaldbaum, der bis zu 15 Meter hoch werden kann. Sie wächst ohne größere saisonale Schwankungen das ganze Jahr über, am besten bei Temperaturen um 30 °C und hoher Luftfeuchtigkeit. Ihre Blätter sind breiter, länger, ertragreicher und von kräftigerem Aroma als die des China-Strauchs.

Diese idealtypische Unterscheidung der beiden Varianten ist für die heutige Kulturpraxis der Wirtschaftspflanze Tee meist akademisch: Die Nutzpflanzen werden überwiegend als Hybride aus beiden Varianten gezüchtet nach den geografischen, klimatischen und marktpolitischen Bedingungen der jeweiligen Anbauregion. Naturwissenschaftliche Erkenntnisse und langjähriges Erfahrungswissen der Verantwortlichen gehen in der Forschungs- und Entwicklungsarbeit der «Tee-Universitäten» dabei Hand in Hand: Schnellwüchsige, ertragreiche und wetter- und schädlingsresistente Hybridpflanzen werden gezüchtet, die auch noch möglichst aromatisch und fein im Geschmack sein sollen. Als Faustregel kann gelten, dass für höhere Erträge und kräftigeres Aroma bei Schwarztees ein höherer Anteil an Assampflanzen-Erbgut angestrebt wird. Für Grüntees wird wegen des feineren Aromas die China-Pflanze bevorzugt.

Züchtung und entsprechende Veränderung des Erbgutes bei Hybriden sind nur möglich durch Bestäubung und Samen-Anpflanzung – ein zeit- und arbeitsintensives Verfahren, das in der Regel nur noch in den Entwicklungsabteilungen unter Laborbedingungen zum Einsatz kommt. Die massenhafte Vermehrung der dort gezogenen Mutterpflanzen erfolgt vegetativ durch Stecklinge (*clones*), die in Teebaumschulen (*nurseries*) 8–10 Monate lang herangezogen und dann zur Auspflanzung an die Plantagen abgegeben werden. Die so kultivierten Pflanzen sind optimal an die Wachstumsbedingungen im Mikroklima der jeweiligen Plantage angepasst. Da Fremdbestäubung bei der Nachzucht ausgeschlossen wird, zeigen sie identisches Erbgut. Dies erhöht natürlich ihre Anfälligkeit gegenüber Krankheiten, Schädlingsbefall und klimatischen Veränderungen. Durch Bestäubung gezüchtete Pflanzen erweisen sich meist als resistenter gegenüber Umweltbelastungen und werden von manchen biologisch-dynamisch arbeitenden Gärten bevorzugt. Ihr Einsatz auf größeren Plantagen ist jedoch unwirtschaftlich wegen des erheblich höheren Zeit- und Personalaufwands.

Je nach Gelände im Abstand von bis zu einem Meter, unterbrochen von einigen Schattenbäumen, werden die Teepflänzchen gesetzt, pro Hektar zwischen 12 000 und 18 000. Nach etwa drei Jahren werden sie erstmals kräftig auf 40–60 Zentimeter Höhe zurückgeschnitten, später alle 4–5 Jahre. Dieser regelmäßige Beschnitt auf «Pflücktischhöhe» (*pruning*) verhindert nicht nur Verholzen und natürliches Höhenwachstum, damit die Pflückerinnen bzw. Pflückmaschinen sie leichter erreichen können. Er regt auch die Bildung ständig neuer, zartgrüner Triebe an – die eigentlichen Objekte der Begierde bei der Ernte.

Teepflanzen in freier Natur können mehrere hundert Jahre alt werden. Sie sind dann allerdings verholzt und produzieren kaum noch frische Blätter. Nutzung in der kommerziellen Teeproduktion setzt mit der ersten Pflückung nach 2–3 Jahren ein, wobei die Erträge sich noch um bescheidene 130 Kilogramm pro Hektar bewegen. Ab dem vierten Jahr steigen sie dann – je nach Lage – auf 1000–2000 Kilogramm. Nach 4–5 Jahrzehnten lässt die Ergiebigkeit oft so erheblich nach, dass die Pflanzen ersetzt werden müssen. Überalterte Bestände sind ein Qualitäts- und Wirtschaftlichkeitsproblem in vielen traditionellen Teeregionen.

2. Biologischer Anbau

Um die Pflanzen gesund und Erträge wirtschaftlich zu halten, sind – wie in jeder Monokultur – regelmäßiges Pflücken und Düngen, Unkrautkontrolle sowie Schutz vor Schädlingen und Krankheiten wie Pilzbefall notwendig. Wie weit dabei noch chemische Dünge- und Pflanzenschutzmittel zum Einsatz kommen, liegt im Ermessen der Eigner und Manager der Teegärten. Besonders seit dem Ende des Zweiten Weltkrieges hatte auch in den Tee-Erzeugerländern der Einsatz agrochemischer Mittel drastisch zugenommen. Die Erträge waren demgegenüber nur mäßig angewachsen. Heute sehen wir die Negativfolgen eines ungebremsten Einsatzes von chemischen Mitteln kritischer: Böden, Grundwasser, Atmosphäre und Pflanzen sind dauerhaft belastet, über die Nahrungskette werden Rückstände weitergegeben, und auch die Gesundheit der Arbeitskräfte in den Teegärten wird gefährdet.

Seit den siebziger Jahren des vorigen Jahrhunderts hat sich in der Einstellung zur landwirtschaftlichen Produktion viel verändert, vor allem in Mitteleuropa, und immer mehr Händler und Produzenten im Teemarkt reagieren auf diese Veränderungen der Nachfrage in Richtung Bio-Produkte.

In Aussehen und Geschmack unterscheidet sich Bio-Tee nicht von konventionell angebautem Tee. Erst im Labor werden Rückstände von chemischen Pflanzenschutzmitteln und Kunstdünger nachweisbar. Ein Bio-Label ist leicht aufgedruckt, wenn Kontrollen fehlen oder mit Barzahlungen an Kontrolleure erleichtert werden. Betrug und Panschereien sind daher an der Tagesordnung – einer der Hauptgründe dafür, dass man Tee bei einem Händler des Vertrauens kaufen sollte. Er wird schon im Eigeninteresse dafür sorgen, dass die Herkunft rückverfolgbar ist und die einwandfreie Qualität des Tees durch laufende Laborkontrollen nachgewiesen wird. Zum Glück sind in Deutschland die Standards streng und nachgewiesene Betrügereien strafbar. Das erklärt, warum das Kaum-Teetrinkerland fast die Hälfte seines importierten Tees wieder exportiert – zum Teil sogar in die Ursprungsländer in Asien und Afrika.

Im Teegarten allerdings kann man sehen und hören, ob die Pflanzen biologisch bewirtschaftet sind. Ravinda Daz, nepalesischer Manager des Traditionsgartens Ging in Darjeeling, zeigt bei unserem Besuch stolz auf die Schwalbennester, die unter dem Dach seines Bungalows kleben. Die Vögel fliegen ohne jede Scheu ein und aus, jedes Mal lautstark angepiepst von der Brut im Nest. Insekten, vor allem Fliegen, Mücken und Schmetterlinge, schwirren und summen über den Teebüschen. Herr Daz ist schon lange im Geschäft, und er hat, wie er erzählte, Ging noch als stummen Teegarten erlebt. Jetzt sind die Tiere zurück, und er ist glücklich darüber.

Die Umstellung von konventionellem auf biologischen Teeanbau dauert etwa 4–5 Jahre, manchmal auch länger. Sie ist – wegen der Ernteausfälle und der zumindest anfangs geringeren Erträge – eine wirtschaftliche Kraftanstrengung, die viele Veränderungen und auch Risiken mit sich bringt. Die Teegärten müssen den organischen Dünger selbst erzeugen – aus Unkraut, Laub und pflanzlichen Abfällen der Teefabrik sowie Dung aus eigener Viehhaltung. Die Bestandteile werden kompostiert und zusammen mit eigens gezüchteten Würmern zur Auflockerung des Bodens ausgesetzt. Der Sikh im südindischen Singampatti-Teegarten, mit den Steiner'schen Biozyklen bestens vertraut, zeigt auf den Erdhaufen mit Regenwürmern: «In the evening, we sing mantras for them. They can do their work better then.» Er scheint fest daran zu glauben.

Teeproduzenten riskieren Bio-Anbau nur, wenn langfristig bessere und sichere Verdienstchancen bestehen, im Wesentlichen also bei Spitzenprodukten für den Export, die deutlich höhere Preise erzielen als Durchschnittsware für den einheimischen Markt. Abnahmegarantien von wichtigen Importeuren spielen dabei eine Schlüsselrolle. Einige deutsche Unternehmen haben sich durch vertraglich gesicherte, langfristige Kooperationen besonders verdient gemacht. Es ist ermutigend, dass der Trend zum Bio-Tee seit drei Jahrzehnten anhält, auch wenn sein gegenwärtiger Anteil am gesamten Teeverbrauch in Deutschland (19 194 t) von 7 Prozent beim Schwarztee und 4 Prozent beim Grüntee noch steigerungsfähig sein sollte (Zahlen Deutscher Tee & Kräutertee Verband, 2020).

3. Der Teegürtel: Klimafaktoren für den Teeanbau

Tee wird kommerziell angebaut in tropischen Breiten Asiens und Afrikas, teilweise auch Lateinamerikas. Der Teegürtel zieht sich um den Globus zwischen dem 43. Grad nördlicher und dem 30. Grad südlicher Breite. Die für den Welthandel erforderliche Qualität setzt neben der tropischen Lage noch weitere teespezifische Klimafaktoren voraus: Jahresdurchschnittstemperaturen zwischen 18 und 30 °C ohne stärkere Fröste, regenreiche Nächte und entsprechend hohe Luftfeuchtigkeit, dabei mindestens 5 Stunden intensive Sonneneinstrahlung täglich. Höhenlagen ab 700 Metern, optimal zwischen 1800 und 2500 Metern, bieten dafür die besten Voraussetzungen. Wie beim Wein ist der Einfallswinkel in steilen Hanglagen besonders günstig für Wachstum und Aroma. Steilhänge halten außerdem Staunässe, die die Teepflanze nicht verträgt, von der Pfahlwurzel fern. Tee wächst zwar auf vielen Untergründen, bevorzugt aber saure, tiefgründige und gut durchlüftete Böden.

Schon diese Kurzcharakteristik verdeutlicht, weshalb manche Anbaugebiete prädestiniert sind für die Erzeugung von Spitzentees, die dann oft – wie berühmte Terroirs beim Wein – deren Namen als Qualitätsmarken tragen. Allerdings sind Pflanze, Klima und Anbaugebiet nicht allein maßgebend für die Qualität. Ebenso wichtig sind Ernte und Verarbeitung der Teeblätter.

II.

VOM BLATT ZUM GETRÄNK:
DIE TEEPRODUKTION

1. Die Tee-Ernte: Erntezeiten

Die Erntezeiten in den Haupterzeugerländern variieren stark. In China gilt die Faustregel: je südlicher das Anbaugebiet, desto früher die Ernte. Den Anfang machen Hainan und benachbarte Regionen im Süden zwischen März und Mai; dann folgen Yunnan, Jiangxi, Sichuan zwischen April und August sowie Anhui, Henan und weitere nördliche Gebiete von Juni bis September.

In Japan wird dreimal pro Jahr und größtenteils maschinell geerntet. Die erste Ernte zwischen April und Mai gilt als die beste; die zweite schließt sich zwischen Juni und Juli an; die dritte im August kommt an die Qualitäten der ersten beiden nicht heran.

In Kenia und Indonesien kann – mit leichten saisonalen Ertrags- und Qualitätsunterschieden – rund ums Jahr geerntet werden.

In Indien und Sri Lanka sind die Erntezeiten abhängig vom Monsun und der Höhenlage des Anbaugebietes.

Handpflückung des Shincha, des ersten Tees der Saison, in Shizuoka, 2017

2. Two leaves and a bud: Teepflücken

Teepflücken ist Präzisionsarbeit, die überwiegend von flinken und ge-schickten Frauenhänden geleistet wird. Allein der Handpflückung vorbehalten ist das Herauspicken von «zwei Spitzenblättern und einer Knospe» der frischen Triebe, immer noch die goldene Regel für das beste Aroma. Eine Pflückerin bringt es – je nach Gelände, Jahreszeit und Teesorte – auf ca. 20–30 Kilogramm pro Tag, die ca. 5–7 Kilo-gramm fertigen Schwarztee ergeben. Wer jemals miterlebt hat, wie die Pflückerinnen diese schwere – oft unterbezahlte und wegen aben-teuerlich steiler Hänge, Schlangen, aggressiver Wildschweine und Kleingetiers sowie des noch verbreiteten Chemieeinsatzes auch nicht ungefährliche – Arbeit in der Erntesaison Tag für Tag und bei fast je-dem Wetter verrichten, wird als Teetrinker Dankbarkeit und Respekt empfinden. Und auch bereit sein, durch sein Verbraucherverhalten

dazu beizutragen, die Lebenssituation des Personals in vielen Teegärten zu verbessern. Im Zusammenhang des Teehandels wird darauf weiter einzugehen sein.

Nach dem Pflücken müssen die Blätter möglichst rasch in der
Teefabrik verarbeitet werden, damit sie nicht unkontrolliert welken
oder oxidieren. Sie werden zunächst von der einzelnen Pflückerin
gesammelt, dann zum Wiegen an einen Treffpunkt gebracht, wo
Pflückleistung und Bezahlungsanspruch festgestellt werden. Saisonale und wetterbedingte Schwankungen, die beträchtlich ausfallen
können, werden dabei natürlich berücksichtigt: Nasse Teeblätter
wiegen mehr als trockene, und von den winzigen Blättchen des begehrten «First Flush» trägt eine Pflückerin kaum mehr als 5–8 Kilogramm pro Tag zusammen, wo sie es sonst auf die drei- bis fünffache
Menge bringt. Man kennt auf beiden Seiten die Erfahrungswerte und
Spielregeln, ebenso wie das manchmal lautstarke Palaver um die konkreten Tagesergebnisse. Am Ende fährt der Kleinlaster mit den frisch
gepflückten Blättern zur Teefabrik, die nicht allzu weit entfernt vom
Garten steht: Die Blätter müssen schließlich noch am selben Tage
verarbeitet werden.

Pflückmaschinen werden in größerem Umfang in Japan und Kenia
eingesetzt. Gegenüber der Handpflückung, die für hochwertige Tees
üblich ist, haben sie gravierende Nachteile: Erfahrene Pflückerinnen
erkennen mit einem Blick den richtigen Zeitpunkt, wann frische
Triebe pflückreif sind, erfassen die zwei Spitzenblätter und eine Blattknospe traumhaft sicher, und sie können alte oder beschädigte Blätter
aussortieren. Erntemaschinen können das nicht leisten. In steilem Gelände verbietet sich ihr Einsatz ohnehin.

3. *Weiß, Grün, Schwarz – und tausend Schattierungen: Die Verarbeitung des Tees*

Ein Irrtum, der in Europa eine lange Geschichte hat, muss im Zusammenhang der Teefarben vorab geklärt werden: Es gibt keine weißen, grünen oder schwarzen Teepflanzen. Die bestechend schönen «Schwarzteepflanzen» in alten Botanikbüchern sind reine Fantasieprodukte. Alle Teearten kommen aus denselben grünen Blättern der Teepflanze. Die Farben ergeben sich allein aus der unterschiedlichen Verarbeitung der geernteten Blätter.

Nachdem dies festgestellt ist, muss gleich hinzugefügt werden, dass spezifische Züchtungen der Teepflanze sich besonders gut eignen für bestimmte Arten der Verarbeitung.

Weißer Tee

Der von Kennern hoch geschätzte weiße Tee liefert dafür das anschaulichste Beispiel, weil man bei seiner Herstellung die Teeknospen und -blättchen quasi im Urzustand belässt und lediglich durch vorsichtige Trocknung haltbar macht. Stärker tanninhaltige Züchtungen mit hohem Assam-Anteil sind dafür weniger geeignet, weil sie bitter schmecken. Das feine, leicht süßliche Aroma und die helle Farbe liefern spezielle Varianten der China-Hybride (Da Bai), die ursprünglich in der Provinz Fujian herangezüchtet wurden. Für die weiße Spitzensorte des Bai Hao Yin Zhen («Weißhaar-Silbernadel») werden dort nach der winterlichen Vegetationspause Ende März bis April nur geschlossene Frühjahrsknospen gepflückt, die noch das «Pekoe», den «silbrigen Flaum» aufweisen. Vor dem Pflücken werden die Sträucher beschattet, um Aroma- und Koffeingehalt der Knospen zu erhöhen. Die Knospen müssen trocken gepflückt, vor Nässe und zu viel Sonnenlicht geschützt, in flachen Körben gut belüftet und schonend behandelt werden, um jegliches Austreten von Teesaft zu verhindern.

Der würde sofort mit dem Sauerstoff der Luft reagieren und sich braun verfärben. Es dürfte einleuchten, weshalb dieser handgearbeitete weiße Tee des «old style» zu den teuersten im Weltmarkt gehört, wenn er denn überhaupt exportiert wird. Immerhin muss er heute nicht mehr, wie in alten Zeiten für den kaiserlichen Hof, von Jungfrauen mit weißen Handschuhen und goldenen Scheren gepflückt werden. Beim weißen Tee des «new style», den die Chinesen Bai Mu Dan («weiße Pfingstrose») nennen, dürfen neben der Knospe auch zwei bereits geöffnete Blätter mit gepflückt und zur Schlusstrocknung erhitzt werden – das macht die Herstellung deutlich ertragreicher und billiger.

Für jede Anbauregion stellt die Produktion von weißem Tee eine besondere Herausforderung dar. Vor allem wegen der zu erzielenden Preise und der wachsenden Nachfrage versuchen sich mehr und mehr Teegärten in anderen Gegenden Chinas, aber auch in Indien, Sri Lanka und Kenia, in der Weißteeproduktion, zum Teil mit erfreulichen Ergebnissen.

Grüner Tee

Der grüne Tee ist der klassische Tee Ostasiens. In Japan und Korea wird fast nur, in China weitaus überwiegend grüner Tee produziert und getrunken.

Die Herstellung ist aufwändiger als bei weißem Tee: Nach dem Pflücken werden die frischen, etwas ledrigen Blätter behutsam gewelkt, um ihnen Feuchtigkeit zu entziehen und sie so geschmeidig zu machen. Anschließend werden sie kurz auf über 70 °C erhitzt, nach chinesischer Tradition meist durch Rösten über Feuer in großen, gusseisernen Woks, in Japan durch heißen Wasserdampf. Die Hitzebehandlung neutralisiert die im Zellsaft enthaltenen Enzyme und verhindert ein spontanes Oxidieren, das bei grünem wie bei weißem Tee unerwünscht ist. Die Farb- und Wirkstoffe des Teeblattes bleiben auf diese Art weitgehend erhalten. Anschließend werden die Blätter durch Rollen oder Pressen per Hand oder maschinell in ihre endgültige Form gebracht – je nach Sorte kugelrund, lockig, nadelartig oder glatt-gerade. Das mechanische Rollen erfolgt zwischen zwei großen Metallplatten mit leicht gewelltem Profil, die in entgegengesetzter Richtung kreisen. Die Zellwände brechen beim Rollen auf; dadurch lösen sich beim Aufbrühen des fertigen Tees die Inhaltsstoffe leichter. Wegen der vorherigen Erhitzung setzt aber bei diesem Vorgang keine Oxidation des Teesaftes ein: der entscheidende Unterschied zum Schwarztee, der teilweise mit denselben Rollmaschinen bearbeitet wird.

Abschließend wird der grüne Tee bei Temperaturen von 100–120 °C schlussgetrocknet auf eine Restfeuchtigkeit von ca. 3–5 Prozent. Die Inhaltsstoffe in ihrer charakteristischen Zusammensetzung werden so konserviert. Nach einem klassischen chinesischen Verfahren geschieht dies in Trockenräumen, die mit Holzfeuer beheizt werden. Viele Teetrinker lieben das, weil der Tee dann – je nach verwendetem Brennholz – ein zartes oder kräftigeres Raucharoma erhält. In der Massenproduktion werden heute in China wie in Japan allerdings Fließbänder und Heißluftgebläse eingesetzt. Nach der Trocknung ist der Tee haltbar und kann für den Transport sortiert und verpackt werden.

Schwarzer Tee

Die Verarbeitung der gepflückten Teeblätter zu schwarzem Tee unterscheidet sich in einem wesentlichen Punkt von weißem und grünem Tee: der Oxidation. Diese Verbindung des Zellsaftes mit dem Sauerstoff der Luft bildet die spezifischen Farben und Aromen des Schwarztees. Traditionell wird diese Reaktion als «Fermentation», also Gärung bezeichnet. Sie ist aber keine echte Fermentation, weil dieser Prozess beim schwarzen Tee ohne Mikroorganismen abläuft – im Unterschied zu Wein, Bier, Milch etc. Viel stärker als beim Grüntee, der auch heute noch – namentlich in China – zum großen Teil in Handarbeit produziert wird, kommen bei der aufwändigeren Schwarztee-Verarbeitung Maschinen in der Teefabrik zum Einsatz – nicht nur bei der Massenfabrikation von Konsumtee, sondern auch bei der sogenannten orthodoxen Verarbeitung von Qualitätstee, die zunächst betrachtet wird. Wie beim Grüntee wird das Blattgut nach der Einlieferung in die Teefabrik zunächst gewelkt. Heute geschieht dies in 25–30 Meter langen Welktrögen auf Drahtgittern, die von Ventilatoren aus wechselnden Richtungen belüftet werden. Frisch zum Welken ausgebreitete Teeblätter duften ähnlich differenziert und intensiv wie Parfum. Manche Pariser Nobelmarken haben sich davon inspirieren lassen und einige ihrer Parfums nach Teesorten benannt. Wenn die Teeblätter nass sind, kann die Luft auch angeheizt werden – ein Vorteil besonders zur Monsunzeit und im neblig-feuchten Bergklima. Der Zeitaufwand wird dadurch gegenüber dem früher üblichen Welken im Freien oder in belüfteten Innenräumen um fast die Hälfte verkürzt auf 8–12 Stunden.

Die nach dem Welken geschmeidigen Teeblätter werden nun – im Unterschied zum Grüntee ohne vorherige Erhitzung – gerollt zwischen den Metallplatten der Rollmaschine. Dabei drehen sie sich nach allen Seiten, die Blattoberflächen werden vergrößert und aufgebrochen und der Zellsaft tritt aus. Er verbindet sich mit dem Sauerstoff der Luft. Beim Anschneiden eines Apfels findet übrigens eine ähnliche, nur langsamer verlaufende Oxidation mit Verfärbung zu Brauntönen statt. Beim Tee ändert sich die Farbe allmählich von Grün- zu Rottönen (die Chinesen bezeichnen Schwarztee völlig zu Recht als «Rot-Tee»), und ein intensiver aromatischer Geruch breitet sich aus, wenn sich die Teeblätter beim Rollen erwärmen. Je höher der Druck der Metallplatten und je länger die Bearbeitungsdauer bei den Rollvorgängen, desto kleiner die gebrochenen Blattpartikel (Blattgrade) und desto größer deren Oberfläche.

Nach dem Rollen werden die Teeblätter in den klinisch sauberen Fermentationsraum verbracht. Auf großen Tischen werden sie ca. 10 Zentimeter hoch gleichmäßig aufgeschichtet und frischer, meist

künstlich befeuchteter, handwarmer Luft ausgesetzt. Unter diesen Bedingungen intensiviert sich die Oxidation des Zellsaftes. Seine Inhaltsstoffe, vor allem die Polyphenole (vergröbert oft «Gerbstoffe» genannt), werden teilweise umgewandelt zu Theaflavinen und Thearubiginen: Sie bestimmen Farbe, Duft und Aroma des Schwarztees. Die
einst chlorophyllgrünen Blätter sind nun kupferrot, und der grasig-
herbe Geschmack des Grüntees wandelt sich zur Aromafülle des
Schwarztees. Nach 2–5 Stunden muss der Oxidationsvorgang beendet
werden, weil der Tee sonst verdirbt. Den richtigen Zeitpunkt bestimmt der «tea maker», immer ein erfahrener Produktionsleiter der
Fabrik, nach Geruch und Farbe des Blattgutes.

Zum Abbruch der Oxidation wird der Tee etwa 20 Minuten lang
getrocknet. Er durchläuft dazu einen Heißlufttrockner auf einem
Transportband; die Temperatur fällt von anfangs ca. 90 °C bis auf ca.
40 °C am Ende. Auch beim Trocknen ist die Erfahrung des Produk-
tionsleiters entscheidend: Temperatur und Dauer müssen richtig bemessen sein, damit der Tee mit ca. 3–5 Prozent Restfeuchtigkeit haltbar wird, nicht schimmelt und trotzdem sein Aroma behält und nicht
«verbrennt». Der Zellsaft klebt nun fest an den dunkelbraunen bis
schwarzen Blattpartikeln des fertigen Tees und löst sich erst wieder
beim Aufguss in der Kanne des Verbrauchers.

Nach dem Trocknen wird der Tee ausgesiebt nach verschiedenen
Sortierungen und Blattgrößen, den sogenannten Blattgraden. Dazu
durchläuft er Rüttelsiebe mit verschiedenen Maschenweiten, durch die
Partikel gleicher Größe hindurchfallen. Diese werden in vier Blatt-
grade sortiert: Leaf («Blatt», 3–25 mm), Broken («gebrochen», 1–3 mm),
Fannings («gefächelt», 0,4–1 mm), Dust («Staub», unter 0,4 mm).

Fannings und Dust weisen eine erheblich größere Oberfläche auf
als Blatt-Tees, weil sie länger gerollt und infolgedessen stärker zerkleinert und intensiver fermentiert sind. Beim Aufguss färben sie deshalb
rasch und geben ihre Inhaltsstoffe schneller ab als Blatt-Tees, die aus
Blattrippen und -spitzen bestehen und leichter und aromatischer im
Aufguss sind. Blatt-Tees gelten aber weiterhin als die feinsten: In grö-

ßeren Blatt-Teilen bleiben die ätherischen Öle des Tees, seine eigentlichen Geschmacks- und Duftträger, besser und länger erhalten. In Teebeuteln «verduften» diese Stoffe relativ schnell, weil die Kleinstpartikel die Restfeuchtigkeit nicht so gut halten können. Beuteltee sollte deshalb möglichst dicht verschlossen und nicht länger als ein paar Wochen gelagert werden.

Vor allem die Marktdominanz der Teebeutel, die maschinell nur mit Fannings und Dust befüllt werden können, hat dazu geführt, dass orthodoxe Blatt-Tees nur noch ca. 2–3 Prozent der jährlichen Weltproduktion ausmachen. Aus deutscher Sicht ist es allerdings erfreulich, dass der Anteil der Blatt-Tees am Gesamtverbrauch in Deutschland seit Jahren konstant um die 60 Prozent liegt und eher steigende Tendenz in oberen Marktsegmenten aufweist.

Die Gradierungen der einzelnen Blatt- und Broken-Tees sind nicht normiert und variieren von Anbauregion zu Anbauregion. Typische Sortierungen zum Beispiel beim Darjeeling- und Assam-Tee sind Golden Flowery Orange Pekoe (GFOP) und Tippy Golden Flowery Orange Pekoe (TGFOP). Als «Tips» bezeichnet man die besonders begehrten, hellen, jungen Blattspitzen, die noch wenig Gerbstoffe gebildet haben und sich deshalb beim Fermentieren nicht so dunkel einfärben wie ältere Blätter. Viele «Tips» gelten deshalb als Qualitätsmerkmal. «Pekoe» ist der «silbrige Flaum», die zarte Behaarung junger Teeblätter. «Orange» meint nicht die Frucht oder Farbe, sondern bezog sich im Gebrauch niederländischer Kaufleute auf das Königshaus Oranje, also auf royale Güteklasse der Teeblätter, die weniger Rippen und mehr Fleisch enthalten. Der Superlativ bei der Sortierung, vor allem in Darjeeling gebräuchlich für Spitzenprodukte, lautet SFTG-FOP (Superior Finest Tippy Golden Flowery Orange Pekoe): Je länger die Kürzelreihe, desto höher der Preis – und meist auch die Qualität.

Ein «B» in der Buchstabenfolge bezeichnet «Broken»-Tees, wie beim in Assam und Sri Lanka verbreiteten BOP (Broken Orange Pekoe) oder der Broken-Topgradierung GFBOP (Golden Flowery Broken Orange Pekoe), die besonders für Ostfriesen-Mischungen beliebt ist.

«F» steht für Fannings und «D» für Dust – die Feinstgradierungen
für Teebeutel.

Die Gradierungsformeln allein sagen jedoch nur etwas über Blattgröße und Aussehen, aber noch nichts Definitives über die Qualität
eines Tees. Diese wird entscheidend beeinflusst von Anbaugebiet
(Höhenlage, Klima, Terroir), Erntezeit und professioneller Erfahrung
und Sorgfalt bei Pflückung und Verarbeitung.

CTC- und LTP-Verfahren

Das heute meistverwendete Verfahren zur industriellen Schwarzteeproduktion ist benannt nach Arbeitsschritten, die es von der orthodoxen Herstellung unterscheiden: «Crushing» (Zermalmen) – «Tear-
ing» (Zerreißen) – «Curling» (Rollen).

Die Teeblätter werden hierbei nach dem Welken und halbstündi-
gem Rollen in die CTC-Maschine transportiert. Zwei scharf gerippte
Stahlwalzen, die in entgegengesetzte Richtungen und unterschiedlich
schnell rotieren, zerquetschen die Blätter, reißen sie auseinander und
drehen sie leicht am Schluss des Vorgangs. Die starke mechanische
Bearbeitung des Blattgutes verkürzt die Fermentationsdauer auf ca.
38 Minuten und bewirkt die extrem kleine Körnung des Produktes.

Die vor allem wirtschaftlichen Vorteile dieses Verfahrens liegen
auf der Hand: Die Produktionszeit wird verkürzt, was die Kosten
deutlich verringert. Auch weniger gleichmäßiges und von Pflückmaschinen geerntetes Blattgut mit Stängeln kann verwendet werden.
Fannings und Dust als Endprodukte können maschinell in Teebeutel
gefüllt werden – eine entscheidende Voraussetzung für die Massenproduktion beispielsweise in Kenia, das inzwischen den Löwenanteil
für den britischen Teemarkt liefert. Und wegen der Ergiebigkeit des
Teestaubs benötigt man für eine Tasse nur ca. 0,3–0,5 Gramm Tee
gegenüber ca. 1,5 Gramm bei orthodox erzeugtem Blatt-Tee. CTC-
Tee liefert eine intensiv gefärbte Tasse mit hohem Koffeingehalt,
aber mittelmäßigem Aroma. Wenn man Tee mit Milch und Zucker

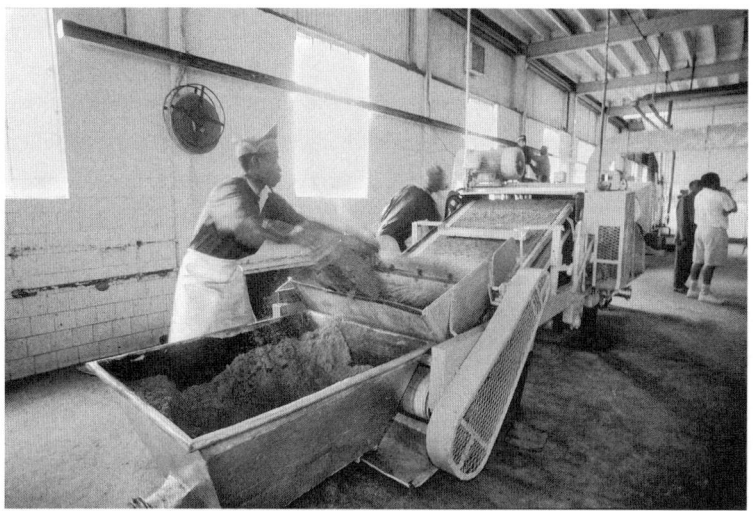

CTC-Produktion in Kenia

bevorzugt, wie in Großbritannien üblich, wird man sich an diesen Geschmack gewöhnen und Teebeutel als normal akzeptieren. Der Zugang zur Welt der feineren Tees aus China, Japan, Darjeeling, Assam oder Ceylons Höhenlagen erschließt sich so allerdings nicht.

LTP, ein anderes, zur Massentee-Produktion verwandtes Verfahren, das zu ähnlichen Ergebnissen führt, ist benannt nach dem Erfinder der dabei eingesetzten Maschine, dem Lawrie Tea Processor. Es ist seit den 1960er Jahren verbreitet. Die gewelkten Teeblätter werden dabei nicht zerquetscht und zerrissen, sondern von schnell rotierenden Messern in kleinste Stücke gehäckselt und währenddessen fermentiert, dann getrocknet und sortiert in Fannings und Dust, die ausnahmslos in Teebeuteln landen.

Oolong-Tee

Zunehmender Beliebtheit unter Teetrinkern erfreuen sich die teiloxidierten Oolong-Tees. Sie nehmen eine Zwischenposition ein zwischen schwarzem und grünem Tee. Im Idealfall verbindet Oolong die Vorzüge von Grün- und Schwarztee – grob gesagt die weitgehend erhaltenen Wirkstoffe der Teepflanze und die Aromen der Fermentation. Oolong wird in seiner Heimat China auch als «blauer Tee» bezeichnet – weiß der chinesische Himmel warum: Ein westliches Auge kann zwischen all den grün, gelb und braun getönten Oolongs kaum einen Schimmer von Blau wahrnehmen. In China, vor allem in der Ursprungsregion Fujian, und in Taiwan wird auch heute noch der Großteil der Weltproduktion erzeugt. Der Name ist wohl abgeleitet aus dem chinesischen «wūlóng» und bedeutet «schwarzer Drache» – eine fantasievolle Referenz an die Blattform mancher Oolong-Tees.

Die Herstellung des variantenreichen Oolong erfordert noch mehr Arbeitsschritte als bei Schwarztee, viel Zeit, Sorgfalt und professionelle Erfahrung. Wie beim weißen Tee werden die Teeblätter (für manche Oolongs neben den klassischen «two leaves and a bud» auch größere Blätter) mit der Hand, bei trockenem Wetter und in der Kühle des Morgens gepflückt, dann gewelkt in der Sonne, zum Schluss im Schatten. Dies geschieht traditionell unter ständigem sanftem Rütteln in speziellen Bambuskörben. Dabei werden behutsam nur die Ränder der Teeblätter aufgebrochen, die sich bei der dann einsetzenden Fermentation rötlich verfärben. Anschließend werden die Blätter in großen Zylindern aus Bambus etwa eine halbe Stunde lang bewegt und geschleudert, 2 Stunden lang ruhen gelassen, dann erwärmt, nochmals geschleudert und ruhen gelassen, bis der gewünschte Grad der Fermentation erreicht ist. Dieser variiert beträchtlich, je nach Oolong-Typus zwischen 10 und 80 Prozent. Dem Fermentationsgrad entsprechend bewegen sich die Geschmacksnuancen zwischen «grün» und «schwarz». Und wie beim Schwarztee entscheidet der erfahrene «tea maker», der die Stufen der Fermentation persönlich überwacht, nach Verfärbung und Geruch der Teeblätter über den Zeitpunkt, an dem die Fermentation abgebrochen und der Tee hitzegetrocknet wird.

Gelber Tee

Eine andere, leicht anfermentierte Variante des chinesischen grünen Tees findet sich seit kurzem auf dem europäischen Markt: der gelbe Tee, dessen Ursprung auf buddhistische Klöster in der Provinz Anhui vor etwa 500 Jahren zurückgeführt wird. Die Blätter werden ähnlich selektiv wie weißer Tee gepflückt und gewelkt, dann aber in Leinentücher gewickelt und mehrfach schonend geröstet, anschließend bei gleichmäßiger Temperatur von 26 °C für etwa 2 Stunden in kleineren Stapeln gelagert. Dabei verfärben sie sich leicht gelblich und entwickeln zarte Kaffee- und Schokoladen-Noten des für Gelbtee spezifischen Geschmacks. Die Trocknung erfolgt bei Temperaturen von 150–160 °C über Holzkohlenfeuer. Hauptabnehmer der überschaubaren Jahresproduktion von ca. 800 Tonnen sind Teetrinker in China selbst und in Südostasien, die dem gelben Tee vor allem günstige Einwirkungen auf die Gesundheit nachsagen.

Pu Erh

Dasselbe gilt für den «Schwarztee» nach chinesischer Farbenlehre, dessen Hauptvertreter Pu Erh nach einer Präfektur der Provinz Yunnan im Südwesten Chinas benannt ist. Er blickt auf eine Tradition seit der Han-Dynastie (25–220 n. Chr.) zurück, galt lange als angemessenes Präsent für den Kaiser (Tribut-Tee) und diente auch als Handelswährung. Es gibt ihn in zahlreichen Variationen in Form und Größe, Fermentationsgrad, Blattqualität, Alter und Lagerungsart. Seine Herstellung erfordert das aufwändigste und langwierigste Verfahren, dessen erste Phasen bis zum Rösten ähnlich verlaufen wie bei grünem Tee. Traditionell werden dazu die großen Blätter wild wachsender Qingmao-Teesträucher in Yunnan und den tropischen Grenzgebieten zu Birma, Vietnam und Laos verwendet; heute kommen überwiegend Hybridzüchtungen zum Einsatz.

Der grüne Roh-Pu-Erh oder Máochá wird nach einem klassischen Verfahren im Anschluss an die Röstung ohne künstlich herbeigeführte Fermentierung in Form gepresst und über lange Zeiträume – man redet von Jahrzehnten – in Stapeln in geeigneter Umgebung gelagert und im natürlichen Alterungsprozess gereift.

In der heutigen Massenproduktion wird der dunkle Pu Erh meist einem künstlichen Alterungs- und Gärungsprozess unterzogen, indem er mit bestimmten Mikroorganismen beimpft und in warmen Räumen feucht aufeinandergeschichtet wird. Bereits nach einigen Wochen ist ein so behandelter Tee verkaufsreif. Sein teilweise hoher Preis orientiert sich an Qualitätsstufen, die nach Provenienz, Blattgüte, Alter und Reifegrad definiert werden.

Aussehen, Geruch und Geschmack des oft dicken, moorwasserähnlichen Aufgusses sind recht erdverbunden. Folgt man manchen Gesundheitsaposteln, unterstützt Pu Erh die Verdauung, regt die Fettverbrennung an, senkt die LDL-Cholesterinwerte und mildert die Folgen von übermäßigem Alkoholgenuss. Keine dieser Wirkungen ist bisher klinisch so nachgewiesen, dass sie sich signifikant von den Wirkungen anderer Grüntees unterschiede. Westliche Teetrinkerinnen und Teetrinker müssen – wie viele Südchinesen – schon sehr an die behaupteten gesundheitlichen Wunderkräfte des Pu Erh glauben, um sich an den kräftigen Eigengeschmack zu gewöhnen.

III.

UNERSCHÖPFLICHE VIELFALT: ANBAUGEBIETE UND TEESORTEN

Umfliegt man den Teegürtel nördlich und südlich des Äquators rund um den Globus, so fällt auf, dass weißer und grüner Tee primär in seiner asiatischen Heimat, also in China, Japan, Korea und Südostasien angebaut und getrunken wird. Schwarzer Tee stammt hingegen vor allem aus den ehemaligen Kolonien des Britischen Empire in Südasien und Afrika, und er wird dort zum Export produziert: Das gilt zu 90 Prozent für Kenia und Sri Lanka, wo Tee das wichtigste Exportgut überhaupt ist, ebenso wie für Indien, das aber einen höheren Anteil seiner Produktion selbst konsumiert. Und ein weiterer grundsätzlicher Unterschied fällt auf: Schwarztees werden – ähnlich den europäischen Weinen – nach ihrer Herkunftsregion bezeichnet, bei Qualitätstees bis hin zum Garten und Erntezeitpunkt. Grüntees hingegen werden schwerpunktmäßig charakterisiert nach ihrem Erscheinungsbild (typisch für China: mit blumigen Fantasienamen) oder ihrem Verarbeitungstypus. Natürlich gibt es auch beim grünen Tee Ursprungs- und Schwerpunktregionen einzelner Teesorten. Aber sie werden deutlich weniger zur Kennzeichnung verwendet, und Produkte wie Drachenbrunnen-, Chun-Mee- oder Gunpowder-Tee können inzwischen aus einer ganzen Reihe von Anbaugebieten Chinas stammen. Gleiches gilt für japanische Tees wie Bancha, Sencha, Kukicha oder Matcha. Oolong-Tees haben auch in dieser Hinsicht eine Zwischenstellung: Einige Spitzenprodukte aus Taiwan führen den alten portugiesischen Inselnamen Formosa als Markenzeichen.

China und Indien produzieren jeweils etwa ein Drittel der Welternte, das letzte Drittel teilen sich Kenia, Sri Lanka, Japan, Vietnam und Indonesien. Kleinere Teeproduzenten wie Argentinien, Brasilien, Iran, Türkei, Georgien, Korea, Thailand, Myanmar, Australien und Neuguinea exportieren wenig oder nichts, weil sie ihren Tee selbst verbrauchen oder weil die Qualität ihrer Produkte für den Weltmarkt nicht ausreicht.

Dass Liebhaber auch jenseits der tropischen Breiten in den USA, Mexiko, auf Korsika und den Azoren, in der Toskana und Cornwall, Schottland oder Neuseeland Tee anbauen, wird Botaniker mehr interessieren als die Akteure im Teemarkt.

1. China

China besitzt die größte Tee-Anbaufläche der Welt, produziert mehr Tee als jedes andere Land und exportiert rund ein Fünftel seiner Ernte. Die Chinesen differenzieren vier große Anbauregionen mit unterschiedlichen geografischen und klimatischen Verhältnissen. Die älteste liegt im Südwesten mit den Provinzen Sichuan, Guizhou und Yunnan; sie gilt als Ursprungsregion des Teeanbaus. In ihrem subtropischen Monsunklima werden neben grünen Tees auch beträchtliche Mengen an schwarzen Blatt- und Broken-Tees erzeugt, ebenso Spezialitäten wie gepresste und Pu-Erh-Tees. In der südlichsten Anbauregion der Provinzen Guangxi, Guangdong und der Ferieninsel Hainan herrscht ebenfalls gleichmäßig warmes Klima mit hohen Niederschlagsmengen und Temperaturen zwischen 19 und 22 °C im Jahresmittel. Sie erzeugen neben grünem, schwarzem und weißem Tee auch viel Oolong und postfermentierten Liu Bao («Sechs-Festungs-Tee», nach einer Gegend in Guangxi).

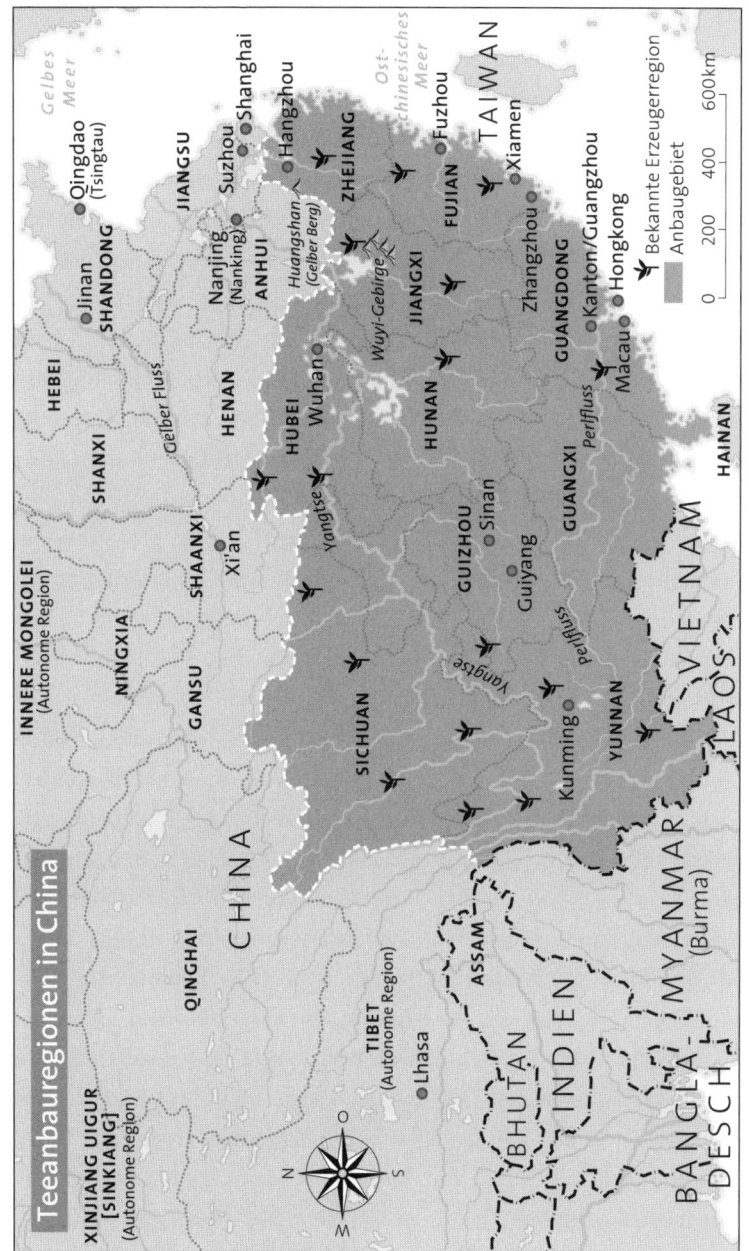

Teeanbauregionen in China

Die beiden anderen Großregionen des Teeanbaus in China teilt der Yangtse. Südlich des Stromes, in den Provinzen Hunan, Hubei, Zhejiang, Jiangxi, Anhui, Shanghai und Jioangsu, werden zwei Drittel des gesamten chinesischen Tees geerntet. Entsprechend breit ist die Palette der grünen, schwarzen, «dunklen» und parfümierten Teeprodukte. Sie reicht vom berühmten Drachenbrunnen- und Melonensamen- über den Haarspitzen- bis zum Silbernadel-Tee. Die Ernte richtet sich in den Regionen am großen Strom nach den hier deutlich ausgeprägten Jahreszeiten. Nördlich des Yangtse, in den Provinzen Henan, Shaanxi, Gansu und Shandong, macht das trockenere und kühlere Klima den Teeanbau schwieriger. Vor allem in Gebirgsgegenden werden exportfähige Grüntees wie «Melonensamen» *(lù'ānguāpiàn)* oder «Haarspitzen» *(máofēng)* hergestellt.

Bis weit ins 19. Jahrhundert hinein besaß China praktisch eine eifersüchtig und stolz gehütete Monopolstellung im internationalen Handel mit Tee. Erst mit dem Aufkommen des plantagenmäßigen Teeanbaus in den britischen und niederländischen Kolonialgebieten, in Indien, Sri Lanka, Indonesien, im 20. Jahrhundert auch in Afrika, änderte sich das Bild. China hielt lange an jahrhundertealten Produktionsgewohnheiten fest und verlor nicht nur sein Monopol, sondern auch immer mehr Anteile am weltweiten Teehandel. Kleinbauern bewirtschafteten ihre Gärten und verkauften ihre Blätter an Zwischenhändler; diese ließen sie in Fabriken weiterverarbeiten und zu den Agenten in den wenigen Exporthäfen transportieren. Abseits der exportorientierten Produktionszentren wird auch heute noch viel – zum Teil hervorragender – Tee in China so hergestellt und getrunken.

Vor allem seit der Kulturrevolution wurde die Anbaufläche aber beträchtlich ausgeweitet auf mehr als eine Million Hektar, die von Kommunen und Großplantagen bewirtschaftet werden. Die dominierende Stellung Chinas im Handel, insbesondere bei Grüntee, ist nun wieder gefestigt. Vielfalt und schiere Menge der Tees in China und Taiwan sind kaum überschaubar. «All the tea in China» ist eine englische Alltagsmetapher für unerschöpfliche, wunderbare Fülle.

Van Morrison verweist darauf zu Beginn seines Songs «Tupelo Honey»:

> You can take all the tea in China
> Put it in a big brown bag for me
> Sail right around all the seven oceans
> Drop it straight into the deep blue sea:
> She's as sweet as tupelo honey ...

Fast alles, was man mit den grünen Blättern anstellen kann, wurde im Mutterland des Tees erfunden und kultiviert: Sie werden gerollt, geröstet, gedämpft, nachfermentiert; als Kräuterarznei destilliert; zu verschiedensten Formen von Kügelchen bis Locken gedreht; zu Sträußchen und Blütenformen gebunden; zu Kuchen gebacken; zu kunstvollen Teeziegeln gepresst oder zu Pulver gemahlen; aromatisiert mit Blumen, Gewürzen, Ingwer, duftenden Ölen und Essenzen. Was geeignet ist, einen systematischen Kopf zur Verzweiflung zu treiben, erfreut den Teeliebhaber: Jede Provinz und Region hat ihre Spezialitäten, und «*dieselbe* Teesorte» kann ganz unterschiedlich ausfallen. Entsprechend viele «Teesorten» werden aufgezählt, manche wollen über 3000 erkennen.

Das in China nicht erst seit der Erfindung des Fernsehens beliebte Ranking listet zwar «Die zehn großen chinesischen Tees». Aber auch hier kursieren mehr als zehn unterschiedliche Listen, die nur teilweise dieselben Teesorten nennen. Deshalb sollen hier nur einige im Westen besonders beliebte und gehandelte chinesische Teesorten charakterisiert werden.

Grüntees

Chun mee (zhenmei, «schöne Augenbraue»)   Der einfache, im Aufguss helle Grüntee ist kräftig und herb im Geschmack. Der auch in China populäre Exportschlager stammt ursprünglich aus Jiangxi, wird heute aber in verschiedenen Provinzen und Qualitäten erzeugt, auch in Taiwan. Er entspricht dem klassischen Geschmacksprofil, das westliche Teetrinker von einem grünen China-Tee erwarten. Seine Blätter werden vor der Schlusstrocknung gerollt und leicht gebogen – daher der poetisch angehauchte Name.

Mao Feng (máofēng, «Haarspitzen»)   Für den zarten, gelb-grünen, im Geschmack leicht würzigen Grüntee werden nur die jüngsten Blattknospen verwendet, die bei sorgfältiger Herstellung ihren silbrigen Flaum behalten, der dem Tee seinen Namen gab. Der für chinesische Zeitdimensionen junge Mao-Feng-Tee wurde um 1875 in der Huang-Shan-Region am Gelben Berg erstmals angebaut. In dieser Gegend um den heutigen Nationalpark wird seit dem 18. Jahrhundert eine Reihe von bekannten Tees für den Export nach Europa erzeugt.

Pi Lo Chun (bìluóchūn, «Jadeschnecke des Frühlings»)   Der Überlieferung nach benannte Kaiser Qianlong im 18. Jahrhundert diesen – dem Mao Feng in gewundenem Blatt und fruchtigem Aroma verwandten – Tee bei seinem Besuch in Suzhou, weil er von seinem Duft und Geschmack angetan war. Auch westliche Schwarzteetrinker können diese Wertschätzung teilen. Der Tee ist deshalb besonders geeignet für erste Versuche mit grünem Tee. Ordentliche Qualitäten kommen heute auch aus anderen Gegenden Festlandchinas und aus Taiwan.

Lung Ching (lóngjǐng chá, «Drachenbrunnen-Tee»)   Dieser berühmte Grüntee ist benannt nach einem Brunnen bei Hangzhou, den man heute gern Touristen zeigt. Angeblich soll ihm einmal ein Drache entstiegen sein. Der Tee mit seinen langen glatten Blättern erscheint untypisch für chinesischen Grüntee. Sein Geschmack allerdings bietet feinstes China-Aroma: facettenreich, mild, fruchtig, lieblich, ohne bitteren oder grasigen Unterton. Es verwundert nicht, dass Qianlong ihn im 18. Jahrhundert zum «Tee des Kaisers» adelte. Die besten Qualitäten werden um das Dorf Lung Ching herum Anfang April gepflückt und zu Erzeugerpreisen von rund 500 Euro und mehr pro Kilogramm gehandelt. Die Inlandsnachfrage in China ist so hoch, dass davon kaum eine Partie in den Export gelangt. Exportiert werden Durchschnittsqualitäten, die ab Mai geerntet werden, im Preis moderat und für westliche Geschmacksknospen immer noch gut trinkbar sind.

Gunpowder (zhū chá)   Dieser grüne Tee wird in drei Trocknungsphasen zu Kügelchen gerollt und sieht in der Tat aus wie Gewehrschrot. Ursprünglich stammt er aus der Provinz Zhejiang, wo er als Pingshui Gunpowder oder «Temple of Heaven» seit der Tang-Dynastie (618–907) bis heute erzeugt wird. Wegen ihrer schönen, glänzenden Farbe und des feinen Aromas sind die etwas größeren Pingshui-Kügelchen beliebt. Formosa Gunpowder, ausschließlich aus Taiwan, weist ein deutlich anderes Aroma auf. In Nordafrika ist Gunpowder verbreitet als Basis für den mit frischer Nana-Minze servierten *thé à la menthe*.

Liu An Gua Pian (lù'ānguāpiàn, «Melonensamen»)   Der Norden der Provinz Anhui, aus deren Gebirgsregionen dieser Tee ursprünglich stammt, war schon kurz nach Beginn der christlichen Zeitrechnung berühmt für die Qualität seiner Tees. Der heutige Tee, der aus chinesischer Sicht wie Melonensamen aussieht, wird jedoch erst seit dem Beginn des 20. Jahrhunderts dort angebaut, inzwischen aber auch in anderen Regionen. Abweichend von der klassischen Pflückregel werden für seine Herstellung die ersten zwei bis drei Blätter geerntet, ohne die Knospe.

Weiße Tees

Bai Hao Yin Zhen («Weißhaarige Silbernadel») und Bai Mudan («Weiße Pfingstrose»)   Die zwei bekanntesten weißen China-Tees aus Fujian wurden bereits weiter oben im Kontext der Weißtee-Verarbeitung vorgestellt.

Oolong-Tees

Je nach Fermentationsgrad werden vier Grundtypen des chinesischen Oolong unterschieden: Pouchong ist bis zu 12 Prozent anfermentiert, weist ein offenes Blatt auf, duftet aufgegossen fruchtig, schmeckt süßlich mit leicht bitterem Unterton. Zheng Cha Oolong ist bis zu 30 Prozent fermentiert, dunkler im Aufguss, intensiver im Duft und fruchtig-gehaltvoller als der Pouchong. So Cha Oolong ist ein fest gerollter, bis zu 50 Prozent fermentierter, bernsteinfarbiger Tee; einige Sorten duften rauchig-süß. Eine goldgrün schimmernde Tassenfarbe, intensiver, betörender Duft und feinherber Geschmack zeichnen den letzten Oolong-Typus aus, den Kao Shan Cha, der einen Fermentationsgrad von etwa 30 Prozent aufweist. Selten, entsprechend teuer und berühmt wegen ihres ausgeprägten Aromas und Duftes sind besonders die Hochlandtees dieses Typs aus Taiwan, die in kleinen Teegärten der Bergregionen um den Nationalpark Alishan und Yûshan erzeugt werden.

Aus der Fülle der Oolong-Sorten sollen nur einige besonders bekannte aus Festlandchina und Taiwan vorgestellt werden.

Da Hong Pao (dàhóng páo, «Große rote Robe»)   Der berühmteste Oolong Festlandchinas stammt aus dem pittoresken Wuyi-Gebirge im Nordwesten der Provinz Fujian. Wuyi ist UNESCO-Weltnaturerbe und eine der ältesten Regionen chinesischer Teekultur. Als im Laufe des 18. Jahrhunderts die Teebauern begannen, im großen Stil für den europäischen Markt zu produzieren, war Wuyi eines der Hauptanbaugebiete. Im dort gesprochenen Dialekt klingt der Name wie «Bo-i» und wurde im Englischen als «Bohea» zum Synonym für Tee. Da die Teegärten auf engem Raum zwischen den Felsen angelegt sind, wird der Gebirgstee auch Wuyi-«Felsentee» (*Wuyi Yan Cha*) genannt. Die bekannteste Sorte ist benannt nach der roten Robe eines Mönchs, die er aus Dankbarkeit um einen Teestrauch gelegt haben soll; ein Tee aus dessen Blättern soll ihn von einer Krankheit geheilt

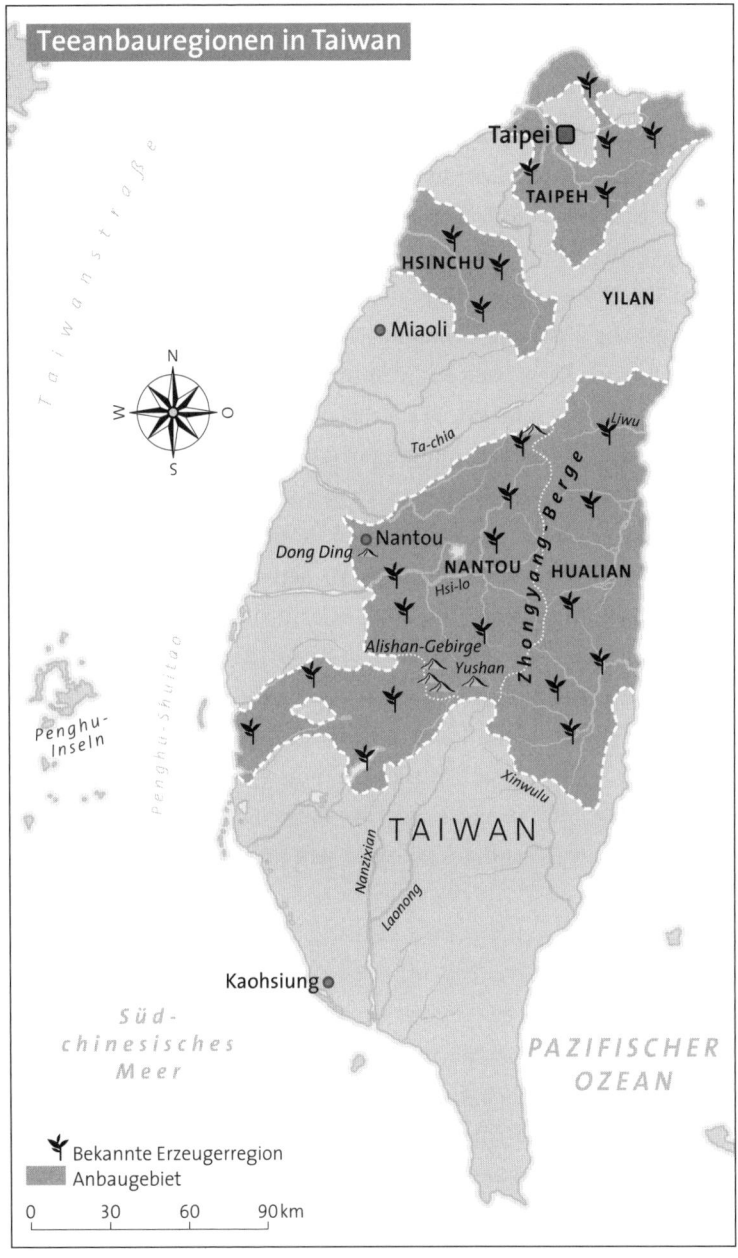

Teeanbauregionen in Taiwan

Taiwanstraße

Taipei

TAIPEH

HSINCHU

YILAN

Miaoli

N
W — O
S

Ta-chia

Liwu

Nantou

Dong Ding

NANTOU

HUALIAN

Hsi-lo

Zhongyang-Berge

Alishan-Gebirge

Yushan

Penghu-Shutlao

Penghu-Inseln

Xinwulu

TAIWAN

Nanzixian

Laonong

Kaohsiung

Süd-
chinesisches
Meer

PAZIFISCHER
OZEAN

🌱 Bekannte Erzeugerregion
▪ Anbaugebiet

0   30   60   90 km

haben. Wundergläubige Chinesen zahlen astronomische Summen für Tee aus dem «originalen» Da-Hong-Pao-Baum. Für Teetrinker, die auf ein akzeptables Preis-Geschmacks-Verhältnis achten, tut es auch ein Da Hong Pao aus Plantagensträuchern, die aus dem Wunderbaum geklont sein sollen: ein stark fermentierter Oolong, der auch beim mehrfachen Aufgießen, das in China üblich ist, nicht bitter wird.

Dong Ding Oolong (dòng dǐng)   Der bekannteste Oolong des Zheng-Cha-Typs aus Taiwan ist benannt nach seinem Ursprung, dem Berg Dong Ding im Kreis Nantou im zentralen Bergland der Insel. Traditionell wurde auch dieser Tee nach dem Vorbild des Felsentees in Fujian stark fermentiert, um lange Haltbarkeit zu erreichen. Inzwischen wurde der Dong Ding aber dem geänderten Geschmack angepasst: Eines der wichtigsten Qualitätskriterien für Taiwan-Oolong ist der feine Duft. Da dieser mit längerer Fermentation kräftiger wird, lässt man den heutigen Dong Ding nur noch schwach oxidieren (bis zu 30 %). Fujian war auch die Heimat der ersten Teepflanzen, die am Dong-Ding-Berg ab 1855 angebaut wurden. Von ihnen sollen alle Teesträucher Taiwans abstammen. Aus dem Bergland der Insel kommen noch einige andere, großblättrige Oolongs wie der Taifu («Fünf-Farben-Tee») oder der Ming Xiang («der Helle»), deren feiner Duft und fruchtig-frischer Geschmack weltweit geschätzt werden.

Schwarztees

Auch der schwarze Tee (chinesisch *hóng chá*, «*roter Tee*») wurde in China erfunden. Britische Händler und Kolonialbeamte lernten ihn dort seit dem 18. Jahrhundert kennen und so sehr schätzen, dass sie seine Anpflanzung und Herstellung nach Indien und Sri Lanka übertrugen. Auch heute noch kommen einige weltbekannte Schwarztees aus China.

Keemun (qímén hóngcha, «Roter Tee aus Qimen»)   Qimen, im Englischen seit der Kolonialzeit «Keemun» genannt, ist eine Gegend um die Stadt Huangshan in der Provinz Anhui. Der gleichnamige Schwarztee wurde erstmals 1875 hergestellt von einem chinesischen Beamten, der die Schwarzteeproduktion in Fujian kennen gelernt hatte. Sein volles, süßlich-harmonisches Aroma verdankt der Tee einem ätherischen Öl, dem Myrcenol, einem einwertigen, ungesättigten Monoterpen-Alkohol, der in Lorbeer, Thymian und Lavendel vorkommt, aber in keiner anderen Variante des Teestrauchs. Gute Keemun-artige Qualitäten kommen auch aus Sichuan und anderen Provinzen. Keemun Gongfu oder Congou bezeichnet eine Variante, die mit «kunstgerechter Sorgfalt und harter Arbeit» (*Gōngfū*) feine, glatte Blätter ohne Stiele oder Staub produziert, ohne diese zu zerbrechen. Wie «Bohea» oder «Hyson» («Glücksdrachen»-Tee, vor allem aus Anhui) diente auch «Congou» im Englischen als allgemeine Bezeichnung für China-Tee. In der Literatur wurden diese Sortennamen bis ins 19. Jahrhundert verwendet, heute sind sie kaum noch gebräuchlich.

Yunnan (Yúnnán) Im Bergland der Provinz Yunnan, der chinesischen Heimat des Tees, das an die Hochebene von Assam grenzt, wird bis heute hervorragender schwarzer Tee hergestellt und exportiert. Die gelbbraune bis rötlich-goldene Tasse Yunnan-Tee verströmt einen angenehmen Duft und ist im Geschmack weich, voll und abgerundet – ein China-Klassiker.

Lapsang Souchong (lāpǔshān xiǎozhǒng, «Unterart aus dem Lapu-Berg») Wie viele chinesische Tees stammt auch dieser Rauchtee ursprünglich aus der Wuyi-Region in Fujian. Er gilt vielen als der älteste Schwarztee überhaupt. Sein kräftiges Aroma, das an Latakia-Pfeifentabak erinnert, verdankt er der Feuertrocknung im Rauch von Pinienholz. Inzwischen wird er vielerorts in China produziert. Meist aus Taiwan stammt die noch kräftigere Variante des Tarry Lapsang Souchong, bei der die Trocknung über brennendem Teer von Pinien oder Kiefern erfolgt. Es wundert nicht, dass dieser Tee Churchills Lieblingstee war: Vor allem den Geschmacksknospen von Pfeifen-

und Zigarrenrauchern dürfte das Aroma vertraut vorkommen. Lapsang Souchong wird gern anderen Tees wie dem russischen Karawanentee oder Saucen beigemischt, um ihnen einen dezenten Rauchgeschmack zu verleihen.

Weitere Schwarztees aus China kommen in Massen aus den Zentralprovinzen südlich des Yangtse wie Hunan oder Jiangxi; sie dienen vor allem als Basistees für die Aromatisierung oder als Fülltees für Mischungen.

Aromatisierte Tees

Aus China stammt auch die Praxis, Tee mit Gewürzen, Blüten oder Kräutern in Geruch und Geschmack zu verändern. Schon seit der Song-Dynastie (960–1279) wurden – zunächst nur am kaiserlichen Hof – pflanzliche oder tierische Duftstoffe wie Pfirsichblätter, Zwiebeln, Gewürze, Orangenschalen oder Moschus dem Tee hinzugefügt. Im Laufe der Zeit haben sich einige klassische Kombinationen herausgebildet, die auch bei Teetrinkern im Westen beliebt sind.

Blüten-Aromen   Jasmin (*mòlìhuā*), Osmanthus (*guìhuā*) und Rosen (*méi guī hóng*) sind die beliebtesten Blüten in der Tradition chinesischer Aromatees. Bei ihrer Herstellung wird der Tee zusammen mit den Blüten gedämpft oder gelagert. Die Blüten werden bei Jasmintees für den chinesischen Markt meist wieder ausgelesen, wenn der Tee genügend von ihrem Geschmack und Duft angenommen hat. Für Exporttees werden sie jedoch entweder im Tee belassen oder es werden aus optischen Gründen frische hinzugefügt. Überwiegend wird grüner Tee als Basis verwendet. Inzwischen sind aber auch Oolongs, zum Teil auch Schwarztees verbreitet, denen die von vielen chinesischen Legenden als Liebesboten verklärten Osmanthus-Blüten ein feines Pfirsich- oder Aprikosen-Aroma verleihen (*Kwai Flower*). Botanisch gehören Osmanthus-Sträucher zu den Olivengewächsen. Ihre Verwendung in Tee spiegelt sich im englischen Namen «tea olive». Chrysanthemen werden gern mit Pu-Erh-Tee vermengt. Auch Orchideen, Geißblatt, Magnolie oder Gardenie sind beliebte Zusätze. Besonders in Vietnam ist die Aromatisierung mit Lotosblüten verbreitet.

Frucht-Aromen Der Klassiker unter den mit Zitrus-Aromen versetzten Tees ist der Earl Grey. Traditionell wird zu seiner Herstellung schwarzem Tee das Öl aus der Schale der italienischen Bergamotte-Orange zugesetzt (bot. *citrus bergamia*, eine Hybride aus Limette und Bitterorange) – in Deutschland seit 1709 bekannt als Grundbestandteil von Kölnisch Wasser. Spätestens seit 1820 ist das Aromatisieren mit Bergamotte-Öl in England belegt; damit imitierte man damals bestimmte teure China-Tees.

Benannt wurde der Tee nach Charles Viscount Howick, dem zweiten Earl Grey, der Anfang der 1830er Jahre britischer Premierminister war und 1832/33 wichtige Reformgesetze verabschiedete. Wie der Tee zu seinem adligen Namen gekommen sein soll, erzählen unterschiedliche Legenden – vor allem von namhaften Londoner Traditionsfirmen, die ihren Earl Grey als einzig echten anpreisen: Ein chinesischer Mandarin habe dem Earl das Rezept aus Dankbarkeit für die Errettung seines Sohnes vor dem Ertrinken geschenkt. Der Premierminister Earl Grey habe den Tee als diplomatisches Gastgeschenk von einer chinesischen Delegation erhalten. In einem Sturm auf See sei die Ladung eines Segelschiffs beschädigt worden, wobei sich zufällig Bergamotte-Öl über Tee ergossen habe; Earl Grey habe diesen Tee probiert und Gefallen gefunden am ausgeprägten Geschmack. Nachprüfen lässt sich keine dieser Storys: Earl Grey war zum Beispiel niemals in China. Es ist auch nicht bekannt, dass die Bergamotte zur Tee-Aromatisierung damals in China benutzt wurde. Gesichert ist aber, dass Earl Grey schnell zu einem Favoriten bei britischen Teetrinkern im Empire des 19. Jahrhunderts aufstieg und bis heute weltweit geblieben ist. Zu den zahlreichen Varianten, teilweise auf Grüntee-Basis, gehören auch Mischungen mit Sevilla-Orangen oder Lavendel (manchmal mit blauen Blüten verziert), die als «Lady Grey» gehandelt werden.

Auch Litschi, Orange und Aprikose sind nach chinesischer Tradition Zutaten für entsprechend aromatisierte Tees.

Kräuter und Gewürze Eine kräftige Gewürzmischung (*masala*) dominiert im indischen *masala chai*, der im Rahmen der indischen Teekultur ausführlicher vorgestellt wird.

Beliebt in Nordafrika ist *thé à la menthe*, grüner oder schwarzer Tee mit Nana-Minze (*chāï bin'nā'*). In Mitteleuropa lieben manche Teetrinker einen Zusatz von Vanille, Anis oder Zimt bei einer geeigneten Teesorte. Die Aufbewahrung von schwarzem Assam mit einer Bourbon-Vanilleschote gibt manchem ostfriesischen Sonntagstee eine besondere Note.

Zusammenfassend lässt sich über Aromatees sagen, dass ihre heute massenhafte Verbreitung für die Qualität meist nicht förderlich gewesen ist. Der Lebensmittelchemie ist es gelungen, pflanzliche Aromastoffe bis in die Molekularstruktur hinein synthetisch nachzubauen und preiswert herzustellen. Als sogenannte «naturidentische Aromastoffe» sind sie chemisch gleich mit den entsprechenden Naturprodukten. Ihre Verwendung in der industriellen Lebensmittelverarbeitung musste also – im Unterschied zu synthetischen Aromastoffen – nicht eigens vom Bundesinstitut für Risikobewertung geprüft und vom Bundesministerium für Verbraucherschutz genehmigt werden. Nach der seit 2009 geltenden europäischen Verordnung (EG Nr. 1334/2008) wird inzwischen aber bei der Zulassung nicht mehr zwischen natürlichen, naturidentischen und künstlichen Aromastoffen unterschieden.

Auch in der Teeverarbeitung werden synthetische Aromen der ganzen Palette von Früchten und Gewürzen eingesetzt: Apfel, Zimt, Banane, Karamell bis Amarena, Rumtraube und Vanille – die Ähnlichkeit mit der italienischen Eistheke ist keineswegs zufällig. Bei der Herstellung werden diese Aromen als Granulate dem fertigen Tee hinzugefügt oder in riesigen Drehtrommeln nach genauer Dosierung über den Tee und die restlichen Zutaten wie Blüten- oder Kräuterblätter gesprüht. Der Tester prüft, wie weit der Tee das Aroma angenommen

hat. Wenn der gewünschte Geschmack erreicht ist, wird der Misch-
prozess gestoppt. Nachverkostung ist üblich am Folgetag und etwa
drei Monate nach dem Mischen.

Einige Argumente für diese Verwendung von synthetischen Aromen sind nicht von der Hand zu weisen: Natürliche Aromen wie Ber-
gamotte- oder Rosenöle oder frische Vanilleschoten sind je nach Erntesaison oft nicht verfügbar, immer knapp und entsprechend teuer, in
der Qualität unterschiedlich und manchmal verunreinigt oder sogar
mit Giftstoffen behaftet. Überdies verflüchtigen sie sich meist schneller als künstliche. Auch für geübte Gaumen sind natürliche von synthetischen Aromen in vielen Fällen nicht zu unterscheiden, zumal
wenn man von Backzutaten wie Vanillinzucker oder Bittermandel-
aroma seit der Kindheit an den Geschmack der Surrogate gewöhnt ist
und, wie viele Kinder, eher den Geschmack von Naturprodukten selt-
sam findet. Eine behutsame Aromatisierung wird darauf achten, dass
das Aroma zum Geschmack des Tees passt, ihn variiert oder abrundet
und nicht überdeckt. Bei einem guten Aromatee sind sowohl der Tee
wie auch die Aromen mit klaren Angaben zu Substanzen und Herkunft versehen (zum Beispiel Bergamotte-Öl gegenüber Bergamotte-
Aroma).

Die Praxis sieht oft anders aus. Vor allem bei Billigprodukten
fungiert der «Unterziehtee» nur als Träger der Aromen und des be-
lebenden Koffeins. Dafür reicht simpelste Teequalität völlig aus. Die
«Kreativabteilungen» mancher Teefirmen «erfinden» so ständig neue
aromatisierte Kombinationen, die dann mit exotisch-blumigen Kitsch-
namen angepriesen werden als «veredelte Geschmackserlebnisse».
Die naheliegende Frage, ob guter Tee denn durch diese Art der Veredelung besser wird, gerät dabei gern aus dem Blick. Sie ist im Zwei-
fel eher zu verneinen: Gutem Tee geht es da nicht anders als gutem
Wein in einer Bowle oder Sangria, oder Champagner beim Kuller-
pfirsich. Schon der chinesische Tee-Weise Li Chi Lai (12. Jahrhundert)
mahnte: «Drei Dinge auf dieser Welt sind höchst beklagenswert: das
Verderben bester Jugend durch falsche Erziehung, das Schänden bes-

ter Bilder durch unverständiges Begaffen und die Verschwendung besten Tees durch falsche Behandlung.»

Geformte Tees

Eine lange Tradition in China haben Tees, die bei der Verarbeitung zu
Kuchen, oft kunstvoll dekorierten Ziegeln, Kugeln, Scheiben oder
Nestern gepresst werden. Tee in Ziegel- oder Kuchenform ist haltbar
und in Satteltaschen auf Pferde- oder Kamelrücken leichter zu transportieren. Karawanentee für zentralasiatische Mongolen, später auch
Russen, wurde so verarbeitet und über Landwege exportiert. Seit der
Tang-Dynastie (618–907) ist die Verarbeitung in diesen Formen über-
liefert und auch im *Chajing*, dem klassischen Teebuch des Lu Yu (ca.
760–780), beschrieben.

Der Tee-Poet Lu Yu leitete zugleich den Übergang zu einer anderen Form der Zubereitung ein: Der gepresste Tee wurde zu Pulver
gerieben und mit kochendem Wasser zubereitet. Die Praxis, Teeblätter nach der Trocknung in Steinmühlen zu Pulver zu zermahlen, ist
ein Erbe der traditionellen buddhistischen Klostermedizin, die ihre
Heilkräuter so bearbeitete. Sie verbreitete sich während der südlichen
Song-Dynastie, die 1126–1279 in Hangzhou residierte. Der japanische
Matcha der Teezeremonie geht auf diese Tradition zurück.

Das heute übliche Aufgießen loser Teeblätter setzte sich erst zur
Ming-Zeit (1368–1644) allmählich in China durch. Europäer haben deshalb vornehmlich diese Art des Tees kennengelernt. Flache, recht-
eckige Teeziegel werden bis heute aus sehr feinem Teestaub und Reis-
wasser hergestellt und auf einer Seite mit reliefartigen Architektur- oder
Pflanzenmotiven und Schriftzeichen dekoriert. Die andere Seite zeigt
oft vorgestanzte Sollbruchstellen wie eine Schokoladentafel.

Eine Teeblume aus Grünteeblättern, vor und nach dem Ziehen

Teeblumen

Zu dekorativen Trockenblüten (*Lu Mu Dan*, «*Teerose, Chrysantheme*»; *zuòchán*, «*Lotos*») werden in Handarbeit grüne Teeblätter zusammengebunden, die sich beim Aufgießen zu größeren Blumen entfalten und im Glas manchmal auf- und niedersteigen. Das sieht hübsch aus, ist aber auch praktisch, weil der Bindfaden die Blätter für eine Tassenportion zusammenhält. Sie können so leicht herausgezogen und für einen zweiten oder dritten Aufguss, wie in China üblich, wiederverwendet werden. Die Qualität solcher Teeblumen, die zum Beispiel im Huang-Shan-Gebirge nach streng fixierten und überwachten Regeln hergestellt werden, ist oft so gut, dass sie auch als Präsente bei Staatsbesuchen überreicht werden, wie vom ehemaligen Vorsitzenden Hu Jintao an den russischen Präsidenten.

2. Japan

Die Verbreitung des Tees von China nach Korea, Vietnam und Japan ging einher mit dem Chán- oder Zen-Buddhismus. Der Legende nach soll der tamilische Königssohn und Buddha-Jünger Bodhidharma (chin. Pútídámó, jap. Bodai-Daruma) die Kampfkunst seiner Heimat zusammen mit der Lehre des Erleuchteten am Kaiserhof der südchinesischen Liang-Dynastie eingeführt haben. Im Jahr 523 soll er Kampfkunst und Buddhismus im Shaolin-Kloster in der Provinz Henan gelehrt haben.

Bei den Mönchen habe Bodhidharma den Tee kennen gelernt. Nachdem er einmal lange beim Meditieren gegen den Schlaf gekämpft habe, sei er am Ende doch eingeschlafen. Beim Erwachen sei er so zornig über seine Schwäche gewesen, dass er sich die Augenlider ausriss und sie fortwarf. Die Lider hätten Wurzeln geschlagen und seien zum ersten Teestrauch mit lidförmigen Blättern gewachsen. Seither helfe der Tee gegen Müdigkeit beim Meditieren. Noch heute wird das im Chinesischen und Japanischen identische Schriftzeichen «cha» verwendet für «Tee» und für «Augenlid».

Nach Japan sollen die buddhistischen Mönche Saichō («höchste Klarheit», 767–822) und Kūkai («Meer der Leere», 774–835) die ersten Teesamen aus dem chinesischen Tiantai-Bergkloster eingeschmuggelt haben. Dort hätten sie 802–804 auf Geheiß des Kaisers in den Sanskritschriften die Mahayana-Lehre studiert. Da beide auch als Begründer unterschiedlicher Hauptrichtungen des japanischen Buddhismus und wichtiger Klöster (Enryaku-ji bei Kyōto, Koya-san in Kii) bis heute wie Heilige verehrt werden, dürfte diese Überlieferung wohl dem Bereich der Legenden zuzuordnen sein. Historisch greifbarer ist die Figur des Zen-Mönchs Myoan Eisai (1141–1215), dem ebenfalls die Einführung des Tees in Japan zugeschrieben wird. Seit dieser Zeit ist der großflächige Teeanbau in Japan zweifelsfrei belegt. Allen Legenden ist gemeinsam, dass der Tee von buddhistischen Mönchen zur

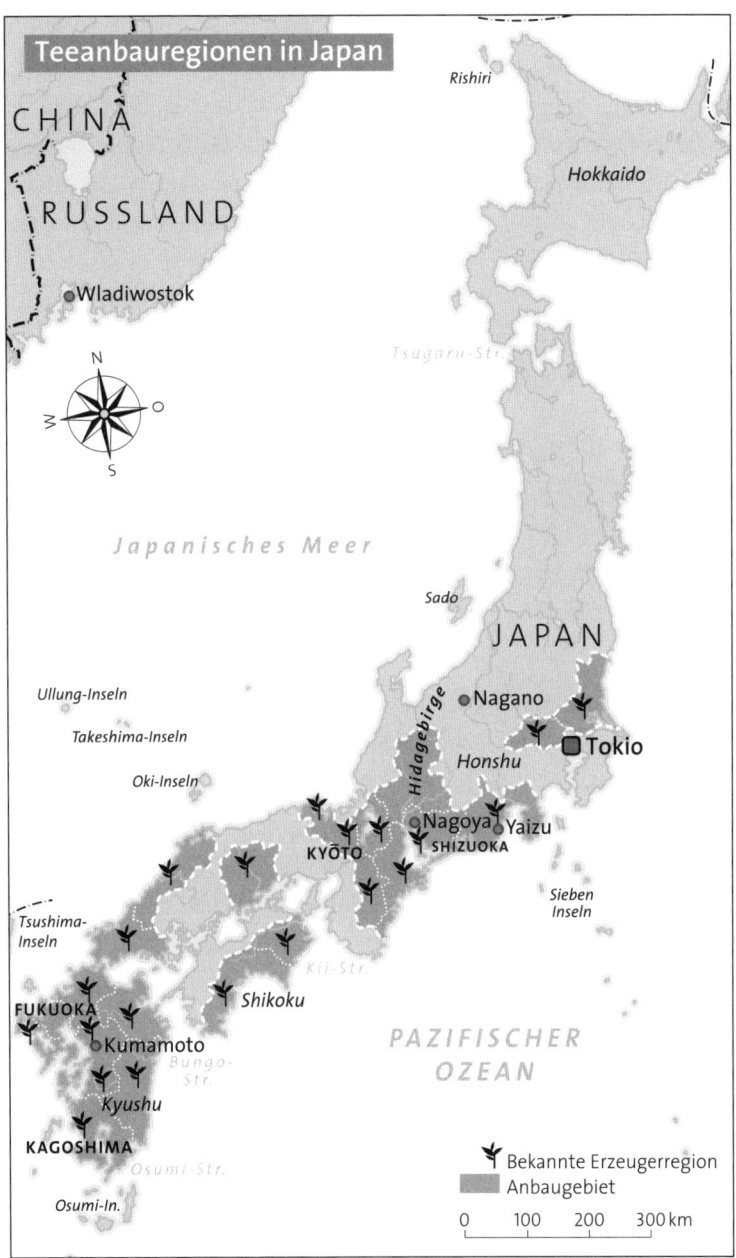

Teeanbauregionen in Japan

CHINA

RUSSLAND

●Wladiwostok

Rishiri

Hokkaido

N
W E
S

Japanisches Meer

Sado

JAPAN

Ullung-Inseln

Takeshima-Inseln

Oki-Inseln

●Nagano

□Tokio

Honshu

Hidagebirge

Nagoya○ Yaizu
KYŌTO SHIZUOKA

Tsushima-Inseln

Sieben Inseln

Kii-Str.

FUKUOKA

Shikoku

●Kumamoto
Bungo-Str.

Kyushu

PAZIFISCHER
OZEAN

KAGOSHIMA
Osumi-Str.

Osumi-In.

Tsugaru-Str.

Bekannte Erzeugerregion
Anbaugebiet

0   100   200   300 km

Förderung ihrer Meditation aus China nach Japan eingeführt wurde. Diese Feststellung ist grundlegend – nicht nur für das Verständnis der japanischen Teezeremonie, sondern auch für das besondere Verhältnis der Japaner zum Tee, der fester Teil ihrer Alltagskultur ist. Kakuzō Okakura (1862–1913), weltläufiger Autor des berühmtesten «Buchs vom Tee» im vergangenen Jahrhundert, überhöht dies zum «Teeismus»:

> Die Schale der Menschheit
>
> Tee war im Anfang Medizin und wurde erst allmählich ein Getränk. Im China des achten Jahrhunderts kam er ins Reich der Poesie als etwas, das zum guten Ton gehörte. Das fünfzehnte Jahrhundert sah Japan ihn erhöhen zu einer Religion des Ästhetischen, zum Teeismus. Der Teeismus ist ein Kult, gegründet auf der Verehrung des Schönen mitten im Alltagsgrau der Dinge, wie sie sind … Er ist seinem Wesen nach eine Religion des Unvollkommenen, ein zarter Versuch, Mögliches zu vollenden in dem Unmöglichen, das wir Leben nennen.

Wenn Japaner sagen, ein Mensch habe «Tee in der Seele», drücken sie damit bis heute höchste Wertschätzung und Anerkennung aus.

Die ostasiatische Verbindung des Tees zum Kult ist in vielfacher Hinsicht vergleichbar mit der Verehrung des Weines, die sich vom Mittelmeerraum nach Europa ausbreitete. Im griechischen Mythos hat Dionysos den Wein aus Kleinasien nach Europa gebracht. In der Symbolik des Christentums spielt er bis heute eine zentrale Rolle.

Dass Tee und Wein Kultstatus genießen, ist kein Wunder. Beide Getränke sprechen die Geruchs- und Geschmackssinne intensiv an. Ihre Drogen Koffein und Alkohol verändern Wahrnehmung, Empfinden und Verhalten in nicht restlos erklärbarer, aber als angenehm empfundener Weise. Doch während Dionysos der Gott des Rausches ist, bewirkt der Tee einen stillen Zauber, dem seit alters heilende Kräfte für Körper und Seele nachgesagt werden. Die spirituelle Dimension des Teegenusses manifestiert sich besonders in der japanischen Teezeremonie bis heute. Dieses Hochamt der Teekultur ist zwar Herzstück und Aushängeschild für das Verhältnis der Japaner zum Tee; für den Teekonsum im Alltag, also als Wirtschaftsfaktor, spielt sie jedoch nur eine prominente Nebenrolle. Japan erzeugt fast ausschließlich Grüntee und exportiert wenig, weil der Tee in Japan verbraucht wird und relativ teuer ist. Hauptanbaugebiete unter den elf Präfekturen, die Tee produzieren, sind Shizuoka, woher etwa die Hälfte des japanischen Tees stammt, und die Südinsel Kyushu, deren günstige Wetterbedingungen Spitzentees wachsen lassen. Die beste Ernte dort ist die erste im April, in Shizuoka und den meisten anderen Präfekturen im Mai. Im Juni und Juli wird zum zweiten Mal gepflückt, in manchen Jahren zum dritten Mal im August; auf Grund der geringeren Qualität wird aber auf die dritte Pflückung oft verzichtet.

Keine anderen Teegärten sehen so ordentlich, gepflegt und sattgrün aus wie die japanischen. Wegen der großenteils maschinellen Ernte stehen die Sträucher etwas weiter auseinander und wirken ebenmäßig beschnitten. Die tiefgrüne Smaragdfarbe der Blätter sticht besonders bei den sogenannten Schattentees hervor, die zu den edelsten Sorten zählen. Auch im Aufguss leuchten japanische Tees intensiv grün. Die Beschattung der Sträucher vor dem Pflücken, das bei der Erhitzung des Tees in Japan übliche kurze Dämpfen und drei- bis viermalige Rollen verändern die Aromastoffe. Im Ergebnis schmecken japanische Tees grasiger als typische China-Tees und so gut wie nie rauchig.

Wie die Gärten, so wirken auch die japanischen Teesorten übersichtlich und klar aufeinander bezogen: Kukicha ist Nebenprodukt des Sencha, Hojicha beruht auf Bancha, und Matcha wird aus Schattentees hergestellt.

Sencha

Sencha («gedämpfter Tee») ist der klassische Japan-Tee. 80 Prozent des japanischen Tees gehören zu dieser Sorte, deren Qualitäten von einfach bis edel reichen, herb bis lieblich schmecken und nach frischem Gras duften. Nach dem Dämpfen werden die Blätter mehrfach gerollt und erscheinen daher flach; wie meist, werden die besten Tees auch dieser Sorte nach der winterlichen Vegetationspause geerntet.

Bancha

Bancha («Großblatt-Tee») ist ein einfacher Alltagstee des Sencha-Typs, der aus älteren Blättern nach dem ersten Austrieb hergestellt wird. Daher enthalten seine großen, leicht gerollten Blätter wenig Koffein. Im Aufguss erscheint er hell gelbgrün und schmeckt herber als die meisten Senchas.

Genmaicha

Genmaicha («Brauner Reistee»), die in Japan beliebte Sencha-Mischung mit geröstetem braunem Reis, ist streng genommen ein aromatisierter Tee. In der Umgangssprache wird er auch als Popcorn-Tee bezeichnet, weil einige der Reiskörner bei der Röstung platzen. Früher stand Genmaicha als gestreckter Arme-Leute-Tee und Überbrückung zwischen Mahlzeiten ein wenig in Verruf. Heute wird er in allen Schichten der Bevölkerung getrunken, gern auch in Kombination mit dem edlen Matcha als *Matcha-iri-genmaicha*. Sein mild-duftiger Geschmack, die Zubereitung mit kochendem Wasser und die Ziehzeit von nur 30 Sekunden sind beim Genmaicha untypisch für Grüntee aus Japan.

Kukicha

Kukicha (auch *bōcha*, «Stängeltee») besteht aus feinen Stängeln und Blattrippen, die bei der Sencha-Herstellung aussortiert wurden. Der hellgelbe Tee schmeckt leicht und frisch. Da Stängel weniger Koffein und Tannine enthalten als Blätter, empfiehlt er sich auch als milder Abendtee. Wenn das Ausgangsmaterial aus hochwertigem Sencha oder Gyokuro stammt, wird diese Teesorte auch als Karigane oder Shiraore geadelt und ist entsprechend teuer. Auch normaler Kukicha ist wegen des aufwändigen Produktionsverfahrens nicht billig.

Gyokuro

Mit Gyokuro («edler Tautropfen»), dem hochwertigsten Schattentee (jap. *kabuse cha*, «abgedeckter Tee»), erweisen Japaner ihren Besuchern gern besondere Ehre. Die dunkelgrünen, ebenmäßigen Blattnadeln ergeben einen strahlend grünen Tee, der ein kräftig-frisches, nuancenreiches Aroma in Duft und Geschmack entfaltet. Entscheidend für sein besonderes Aroma ist es, dass die Blätter 3 Wochen vor dem Pflücken nicht mehr der direkten Sonneneinstrahlung ausgesetzt werden. Dazu werden riesige Netze (*kabuse*) bzw. Bambus- oder Schilfmatten über die Teebüsche gezogen. Im Halbschatten produzieren die Blätter mehr Chlorophyll, entsprechend mehr Koffein und lieblich anmutende Aminosäuren wie Theanin. Die Bildung der herb schmeckenden Tannine und Catechine wird demgegenüber reduziert.

Für Gyokuro geerntet werden nur die zartesten Blätter der ersten Frühjahrspflückung. Klassischer japanischer Gyokuro kommt aus Shizuoka, Kyōto (Uji ist eines der renommiertesten Anbaugebiete) und Saga. Im internationalen Markt werden auch deutlich billigere Schattentees aus anderen Regionen Japans, in den letzten Jahren verstärkt auch aus China, als «Gyokuro» oder «Sencha» mit dem Feigenblatt-Hinweis «Herstellung japanischer Art» gehandelt. Zum echten Gyokuro stehen sie meist wie Zwei-Sterne-Weinbrand zu Cognac. Auch westliche Teetrinker, die sich generell mit japanischem Tee wegen seines grasigen Geschmacks nicht anfreunden mögen, können den Unterschied auf Anhieb und mit Vergnügen feststellen und einen der feinsten – leider auch teuersten – Grüntees der Welt genießen. Um das empfindliche Aroma nicht durch Bitterstoffe zu beeinträchtigen, die sich bei höherer Temperatur verstärkt lösen, sollte das Teewasser für Gyokuro nur kurz aufgekocht und zum Aufguss auf 50–60 °C abgekühlt werden.

Matcha

Matcha («gemahlener Tee») ist der Tee der japanischen Teezeremonie: in einer Granitsteinmühle zu feinem Pulver gemahlener Schattentee, immer ein Grüntee, vorzugsweise ein Gyokuro, der 3–4 Wochen vor der Pflückung unter dem verdunkelnden Netz herangereift ist. Er wird nach der Ernte gedämpft, dann ohne Rollen heißluftgetrocknet und von Rippen und Stängeln befreit. Als «Tencha» wird das Blattfleisch grob zerkleinert und anschließend zum Matcha zermahlen.

Die lange Beschattung lässt den Matcha, wenn man ihn aufgießt oder aufschlägt mit dem Bambusbesen, intensiv jadegrün in der Tasse leuchten und wegen des hohen Koffeingehalts rasch belebend wirken. Er schmeckt süßlich mit Umami-Nuancen, die er dem hohen Gehalt an Amino- und natürlichen Glutaminsäuren verdankt. Seine Catechine und Vitamine A, B, C und E sind durch die schonende Herstellung weitgehend erhalten, was ihn zu einem der gesündesten Tees macht. Das scheinen bereits die chinesischen Mönche gewusst zu haben, die Tee nach dieser Zubereitungsart als traditionelle Medizin in ihren Klöstern verwendeten, ehe er zusammen mit dem Zen- oder Chán-Buddhismus den Weg nach Japan fand.

Da beim Matcha-Genuss das gesamte Teeblatt mitgetrunken wird, empfiehlt es sich, besonders genau auf die Schadstofffreiheit des Teepulvers zu achten.

Andere Grüntees

Das Spektrum anderer Grünteesorten ist in Japan überschaubar, vor allem, wenn man es mit China vergleicht. Aus Shizuoka stammt der wegen seiner brüchigen Blätter etwas unansehnliche *fukamushi-cha*, der jedoch sehr intensiv schmeckt. Er wird mit 45 Sekunden länger gedämpft als andere Tees, die nicht länger als 15–30 Sekunden dem heißen Dampf ausgesetzt werden, und färbt sich deshalb ins Blaugrüne. Der *tamaryoku-cha* oder *guri-cha* («gedrehter Tee» oder «lockiger Tee») verdankt seinen Namen dem Aussehen der Blätter, das man eher bei einem China-Tee erwarten würde. Sein intensiv-grasiger Geschmack, der an Beeren und Mandeln erinnert, zeigt jedoch typisch japanisches Profil. Aus Teegärten Südjapans kommt noch eine weitere Ausnahme, die Japaner als «chinesischen Grüntee» bezeichnen: der *kamairi-cha*, der nicht gedämpft, sondern geröstet wird unter ständigem Wenden in bis zu 300 °C heißen Eisenpfannen. Er schmeckt deshalb nicht grasig oder bitter und kommt – je nach Rolltechnik – als flaches oder kugelförmiges Blatt in den Handel, bisher fast nur in Japans Binnenmarkt.

3. Indien

Nach China, das rund 2,8 Millionen Tonnen Tee pro Jahr erzeugt, ist Indien mit 1,14 Millionen Tonnen der zweitgrößte Produzent weltweit (Zahlen 2019, Deutscher Tee & Kräutertee Verband). Dabei ist die Erfolgsgeschichte des indischen Tees noch nicht einmal 200 Jahre alt. Diese – vor allem in den Anfangsjahren alles andere als einfache – Geschichte wurde initiiert von den britischen Kolonialherren und Geschäftsmännern der East India Company, die in Kalkutta ihr Verwaltungszentrum aufgebaut hatten. Ihre Triebfeder war die enorm gewachsene Nachfrage nach Tee, die in Großbritannien bis weit ins

19. Jahrhundert mit China-Importen bedient wurde. Deren Volumen war von ca. 50 Tonnen im Jahre 1700 auf 15 000 Tonnen im Jahre 1801 angewachsen, mit weiterhin kräftig steigender Tendenz – ein höchst profitables Geschäft im Seehandel, der von der Marine der Weltmacht abgesichert war.

Das Verhältnis der Briten zum chinesischen Kaiserreich, das Handel mit dem Westen argwöhnisch und streng kontrollierte und auf wenige südchinesische Häfen beschränkte, war immer spannungsgeladen. Es trieb nach 1815–1820 auf den offenen Konflikt zu: Die Chinesen akzeptierten als offizielles Zahlungsmittel vor allem Silber, das in China wie auch in Großbritannien knapp war. Die britischen Geschäftsleute wussten jedoch, dass Opium bei der chinesischen Bevölkerung besonders begehrt war. Sie waren deshalb dazu übergegangen, Opium, das sie in Indien und Südostasien produzieren ließen, bei dubiosen chinesischen Zwischenhändlern und mit Duldung von freundlich mitkassierenden Hafen- und Verwaltungsbeamten in Guangzhou (früher: Kanton) gegen Silber einzutauschen, um den Tee zu bezahlen. Eine erstmals negative Zahlungsbilanz und eine rapide Ausbreitung der Opiumsucht, vor allem in den Küstenstädten, waren die Folgen.

Die Regierung Chinas konnte diese Entwicklung nicht auf Dauer hinnehmen. Nachdem das Handelsmonopol für die East India Company gefallen war und noch mehr Opium nach China verschifft wurde, erließ der Kaiser 1839 ein striktes Einfuhrverbot und ließ rund 1200 Tonnen britisches Opium in Guangzhou beschlagnahmen. Das nahm die britische Regierung zum Anlass, ihren militärisch weit überlegenen Flotteneinheiten den Angriff gegen China zu befehlen. Nach ihrer Niederlage wurde die chinesische Seite zur Unterzeichnung einseitiger Verträge nach britischen Interessen gezwungen. Sie musste im Vertrag von Nanking 1842 weitere Häfen für westliche Schiffe öffnen und Hongkong als Kronkolonie an die Briten abtreten. Die zwei sogenannten Opiumkriege (1839–1842; 1856–1860) müssten eigentlich als Teekriege bezeichnet werden, wie Historiker heute zu Recht feststellen: Das Opium war nur indirektes Zahlungsmittel für Tee und Seide.

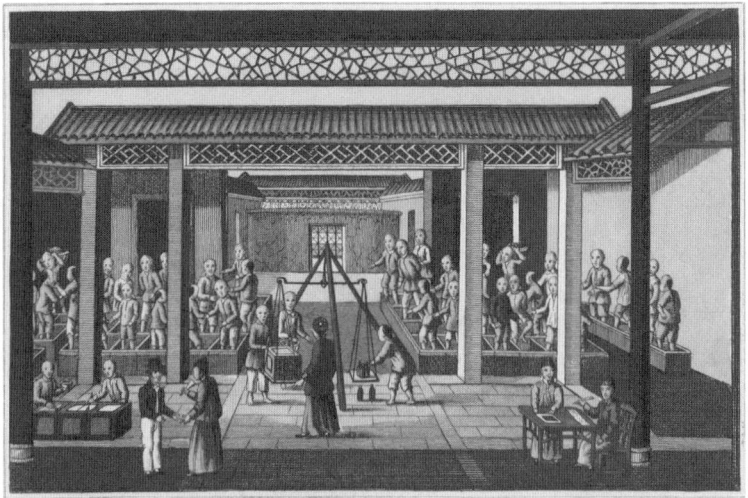

Verpacken und Wiegen des Tees in einer Teemanufaktur in Kanton, 1835/36

Um die Abhängigkeit vom chinesischen Tee zu reduzieren, suchten die Briten etwa seit der Wende zum 19. Jahrhundert verstärkt nach Alternativen in ihrem Einflussbereich. Robert Fortune, ein Gärtner und Forschungsreisender, reiste als Industriespion im Auftrag der East India Company mehrfach inkognito und unter Lebensgefahr in die Teegebiete Chinas. Er dokumentierte erstmals die Herstellung von grünem und schwarzem Tee so umfassend, dass sie nachgemacht werden konnte.

Botaniker hatten schon länger vermutet, dass Tee auch im Klima des indischen Subkontinents wachsen müsste. Bestätigt wurde diese Vermutung 1823: Der britische Generalgouverneur Lord Bentinck hatte gemeinsam mit dem Major und Hobbybotaniker Bruce und einigen anderen Pionieren von Kalkutta aus die Anbauversuche mit chinesischen Teepflanzen systematisch vorangetrieben – mit wenig Erfolg. Im Urwald von Assam wurden nun jedoch Teepflanzen der Assam-Variante entdeckt und einwandfrei botanisch als *camellia*

Historische Karte der Expeditionen Robert Fortunes in die Teeregionen Chinas,
1853

sinensis identifiziert. Was folgte, muss dem Goldrausch an der amerikanischen Westküste ähnlich gewesen sein: Kolonialbeamte, Seeleute und Abenteurer aller Art versuchten sich im Teeanbau. Manche konnten, wie sie feststellten, «nicht einmal einen Teestrauch von einem Kohlkopf unterscheiden». Sie mussten ohne ihre Frauen leben, wurden beim Dschungelroden von Mücken und Blutegeln gepeinigt, von Schlangen gebissen und Tigern angefallen, erkrankten im subtropischen Klima an Malaria, Cholera und Gelbfieber und suchten sich mit Alkohol zu schützen oder zu kurieren. Ihre Lebenserwartung war nicht hoch. Noch niedriger war sie bei den einheimischen Arbeitskräften, die schwierig zu rekrutieren und anzuleiten blieben. Ein erheblicher Teil der Arbeitskräfte wurde deshalb zwangsverpflichtet und umgesiedelt aus anderen Teilen Indiens nach Bengalen. Aber trotz aller Widrigkeiten entwickelte sich der plantagenmäßige Teeanbau in Indien schnell zum Erfolg.

Die ältesten und berühmtesten Anbaugebiete liegen im Nordosten des Subkontinents am Himalaja und erzeugen etwa die Hälfte des indischen Tees: Assam, Darjeeling, Dooars, Terai, Sikkim. Aus dem Hochland Südindiens, dem Nilgiri-Gebiet der Blue Mountains und Gärten in den Ausläufern der Western Ghats, stammt ein Viertel der jährlichen Produktion. Der Rest verteilt sich auf kleinere Anbauregionen.

Assam

In der Hochebene im Nordosten auf beiden Seiten des Brahmaputra, zu Füßen des östlichen Himalaja und fast an der Grenze zu China, befand sich seit 1832 die Keimzelle des Teeanbaus im britischen Indien. 1839 wurde der erste Tee aus Assam in London versteigert. Heute streitet Assam mit Kenia um den Rang als größtes zusammenhängendes Teeanbaugebiet der Welt. Die Zahl der Teegärten ist nicht genau feststellbar. Nach Schätzungen des Indischen Teeverbandes und einschlägigen Untersuchungen, zum Beispiel von BASIC (Bureau

of Societal Impacts for Citizen Information, Paris), dominieren ca. 850 große, private Teeplantagen mit eigenen Fabriken die Teeproduktion in Assam. Traditionsgärten wie Mokalbari, Mangalam, Heeleakah oder Boisahabhi sind berühmt für die Qualität ihrer Tees. Diese Großunternehmen erfahren jedoch in den letzten Jahrzehnten zunehmend Konkurrenz von kleineren Teeproduzenten mit weniger als 10 Hektar Land. Deren Zahl ist von 657 im Jahr 1990 auf über 84 000 gestiegen, wie manche Studien schätzen. Diese sogenannten «small tea growers» sollen inzwischen bereits die Hälfte aller Teeblätter in Assam produzieren und in unabhängigen Fabriken verarbeiten lassen. Nachzuprüfen sind solche Zahlen in der unübersichtlichen Situation praktisch nicht; die Ursachen werden im Zusammenhang des Teehandels weiter zu betrachten sein.

In den Himalaja-Anbaugebieten bestimmen Monsun und Höhenlage den Erntezeitpunkt. Da in Assam die Wintermonate relativ milde Temperaturen bringen, kann auf den Plantagen fast das ganze Jahr über Tee gepflückt werden, der im schwül-heißen Tropenklima üppig gedeiht. Die besten Assam-Tees werden aber im Frühjahr und Sommer vor dem Monsun geerntet: Im März und April der goldgelbe First Flush, der einen duftigen, aromatischen Aufguss mit feinem malzigem Unterton ergibt; ausgeprägter noch wird der Malzgeschmack beim kupferroten bis dunkelbraunen Second Flush Assam, der zwischen Mai und Juni geerntet wird und als bester Tee der Jahresernte gilt. Sein vollwürziges, abgerundetes Aroma bestimmt den Geschmack bei klassischen Englischen oder Ostfriesischen Mischungen, die auch mit härterem Wasser und Milch oder Sahne und Zucker einen guten Tee ergeben. Ab Juli lässt der Monsunregen den Brahmaputra regelmäßig über die Ufer treten und setzt weite Teile Assams unter Hochwasser. Auch dann wird Tee gepflückt, der üppiger wächst als sonst im Jahr. Die Qualität dieses «Monsoon Tea» bezeichnet die britische Tradition als «bread and butter», also als sehr einfach und für den Export kaum geeignet.

Darjeeling

Der berühmteste Schwarztee der Welt trägt den Namen eines kleinen Ortes an den Südhängen des Himalaja in der unruhigen Grenzregion zwischen Nepal, Bhutan und Indien. Wegen seiner strategisch günstigen Lage ließen ihn sich die Briten nach den Gorkha-Kriegen 1829 als Schenkung vom Maharadscha von Sikkim übereignen und dies 1835 vertraglich bestätigen. Der Herrscher Sikkims sollte später immer wieder Besitzansprüche anmelden, erst gegen die Briten, nach 1947 gegen die Indische Union, bis diese das Territorium 1975 integrierte. 1835 wurde in der «Hill Station» Darjeeling ein britisches Sanatorium errichtet. Auch die Frauen der Offiziere, Geschäftsleute und Beamten lernten Darjeeling schätzen als Sommerfrische fernab vom fieberheißen, betriebsamen Kalkutta. Die Wände des heruntergekommenen, früher ganz sicher eleganten Planters Club (nicht das gleichnamige moderne Hotel) hätten eine Menge zu erzählen von durchfeierten Nächten, Affären und auch von langen, gut befeuchteten Gesprächen mit viel Teepflanzer-Fachsimpelei und Tigerjägerlatein als Abwechslung zum eintönigen Leben auf den Plantagen. Darauf wurden angehende Pflanzer vorbereitet, wenn sie nach Darjeeling kamen. Die ersten Wochen lebten sie in Bungalows von 1841, die seit 1939 als «Windamere Hotel» (sic!) touristisch vermarktet werden. Zimmer und Inventar inklusive bedrohlich rumorendem Riesenboiler und Blech-Wärmflaschen stammen aus den anderthalb Jahrhunderten seit der Gründung, ebenso wie eine eiserne Badewanne mit Löwenfüßen, gestiftet von den Nonnen des Mädcheninternats Convent of the Sacred Heart, wo die 1913 in Darjeeling geborene Schauspielerin Vivien Leigh erzogen wurde.

Die Anfänge des Teeanbaus waren auch in Darjeeling schwierig. Nachdem sich die Nachricht vom Erfolg in Assam verbreitet hatte, war die Zeit reif für erste Versuche in der mit 800–2000 Metern höher gelegenen Region um den Tiger Hill. Der Militärarzt Dr. Archibald Campbell brachte 1841 die ersten Setzlinge der China-Variante, die

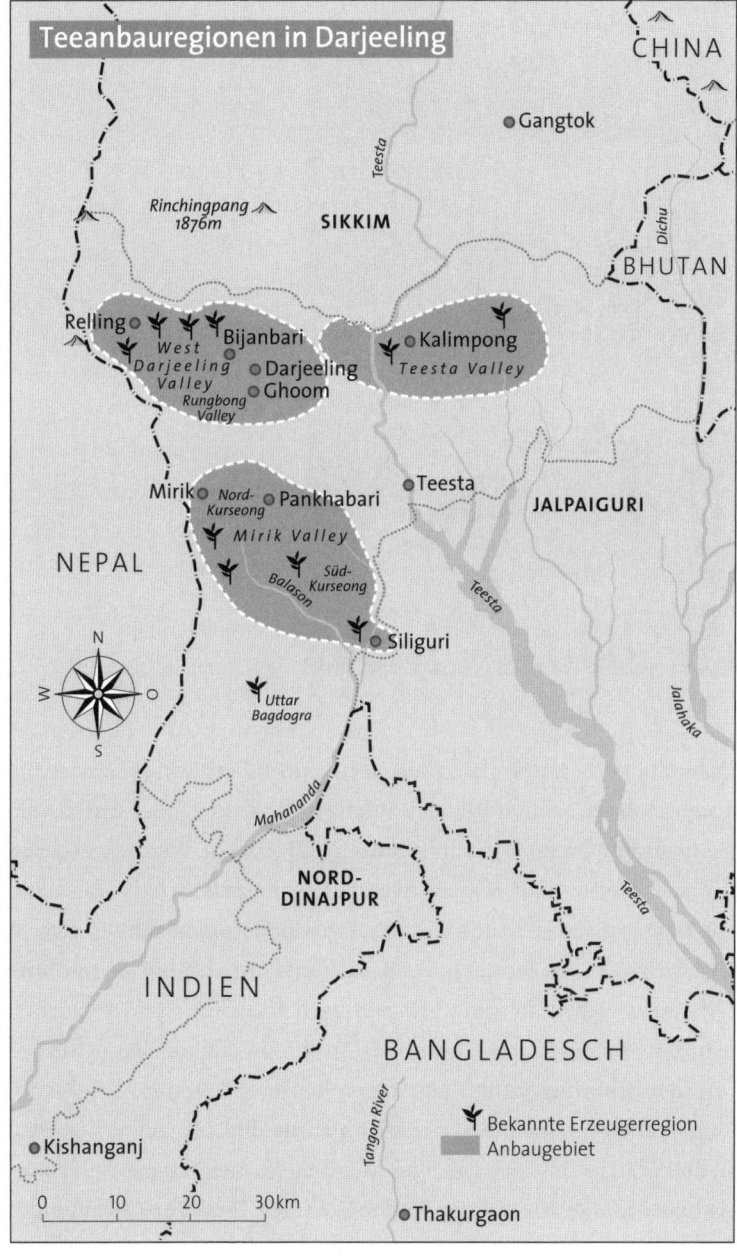

Teeanbauregionen in Darjeeling

CHINA

●Gangtok

Rinchingpang ⋏
1876m   SIKKIM

BHUTAN

Relling○   Bijanbari
    West   ●Kalimpong
  Darjeeling ○Darjeeling *Teesta Valley*
  Valley   ○Ghoom
    Rungbong
    Valley

Mirik○ *Nord-* ○Pankhabari   ●Teesta
       Kurseong   JALPAIGURI
         Mirik Valley
NEPAL   *Süd-*
              Kurseong
         Balason
                    ○Siliguri
N
W   ○
   S
        Uttar
        Bagdogra

        Mahananda

              NORD-
              DINAJPUR

  INDIEN

        BANGLADESCH

                    Bekannte Erzeugerregion
                    Anbaugebiet
●Kishanganj
                    Tangon River
0   10   20   30km
                    ●Thakurgaon

Teepflückerinnen am
Steilhang in Darjeeling, 2014

Höhenklima besser verträgt als die Assam-Pflanze, nach Darjeeling.
Andere folgten seinem Beispiel. Pflanzer der ersten Jahre waren auch
die frommen Herren Joachim Stölke und August Wernicke von der
pietistischen Berliner «Goßnerschen Missionsgesellschaft». Sie waren
mit Bekehrungsversuchen in Indien gescheitert und fühlten sich im
Stich gelassen von ihrer Muttergesellschaft. 1841 kamen sie mit ihren
Ehefrauen wegen des guten Klimas nach Darjeeling und versuchten
sich, notgedrungen, im Teeanbau. An ihrem «Gnadenberg», den sie
von den Briten mitsamt Teepflanzen kauften, legten sie den Garten
Lingia an und bauten ihren Besitz im Laufe der Zeit auf sieben Plantagen in Darjeeling aus, darunter Steinthal, Risheehat und Tumsong –
bis heute klangvolle Namen in der Welt des Tees. Die Gärten befinden sich allerdings schon seit einigen Jahrzehnten nicht mehr im
Besitz der Familiendynastie Wernicke-Stölke: Nach dem Ersten Welt-

krieg folgte für diese Plantagen eine Zeit wirtschaftlichen Niedergangs, und nach der indischen Unabhängigkeit verließen die letzten Nachfahren der deutschen Gründerväter das Land.

Der Erfolg in Darjeeling kam schnell: Die Zahl wirtschaftlich genutzter Teegärten stieg von 3 im Jahre 1852 auf 39 (1866), 56 (1870) und nicht weniger als 113 im Jahr 1874. Heute ist die Zahl der Gärten, die mit Genehmigung des Tea Board India den Namen Darjeeling führen dürfen, gesundgeschrumpft auf 87. Sie bedecken eine Fläche von ca. 19 000 Hektar, beschäftigen bis zu 65 000 Arbeitskräfte, viele von ihnen saisonale Erntehilfen aus angrenzenden Regionen, und produzieren – je nach Witterung – ca. 8000–10 000 Tonnen Darjeeling-Tee pro Jahr.

Die hoch gelegenen Steilhänge, die intensive Gebirgssonne, die kühlen, regenreichen Nächte lassen den Tee langsam wachsen und verleihen den Blättern eine nuancenreiche und delikate Aromafülle. Zur vollen Entfaltung gebracht wird diese durch hervorragende, laufend kontrollierte Expertise in der Pflückung und Verarbeitung. Darjeeling gilt Teeliebhabern in aller Welt zu Recht als *non plus ultra* des Schwarztees. Gärten wie Soom, Makaibari, Castleton, Chamong, Margaret's Hope oder Bannockburn sind berühmt wie französische Spitzenterroirs beim Rotwein.

Wie in Assam richten sich die Ernten nach den Jahreszeiten und dem Monsun. Sie bestimmen auch den unterschiedlichen Charakter des Tees. Die ersten 8–12 Pflückrunden nach der winterlichen Vegetationspause ergeben den besonders hochwertigen First Flush. Er wird im März und April geerntet und ist zart und blumig bei heller Tassenfarbe. Da sich sein empfindliches, frisches Aroma innerhalb einiger Monate abschwächt, sollte er bald nach der Ernte getrunken werden. Einige hervorragende Partien kommen deshalb als Flugtee auf dem Luftweg nach Europa. Sie sind entsprechend teuer, verschaffen heutigen Teetrinkern aber ein Privileg gegenüber all ihren Vorgängern: Schon 2–3 Wochen nach der Pflückung können sie den frischen, besten Darjeeling First Flush in ihrer Tasse genießen. Das war früher, als der Teetransport noch Monate und Jahre brauchte, undenkbar.

Die zweite Darjeeling-Ernteperiode läuft traditionell im Mai und Juni. Die kräftige Sonne verleiht dem Second Flush eine dunklere, fast kupferrote Tassenfarbe und intensives, nussiges Aroma, das vielfach mit Muskateller verglichen wird. Auch dieser Sommertee erbringt Spitzenqualitäten. Die Zeit zwischen erster und zweiter Pflückperiode, Mitte April bis Mitte Mai, sieht häufig Regentage bei hohen Temperaturen. Im feuchtheißen Klima sprießen die Teebüsche dann zwar besonders schnell; der Tee dieser Übergangswochen, der «In between», erreicht aber nur selten gute Qualität. Oft schon Ende Juni, spätestens ab August treibt der Südwest-Monsun den großen Regen zum Himalaja und beendet die letzten Pflückrunden für den Second Flush. Auch danach wird reichlich Tee geerntet. Der «Monsoon Tea» ist jedoch, wie in Assam, fade. Wenn nach dem Monsun die Zahl der Sonnenstunden bei niedrigeren Temperaturen wieder zunimmt, wird von September bis Ende November der letzte Tee des Jahres gepflückt, der «Autumnal». Er kann noch durchaus gute, milde Qualitäten erreichen, ist aber nur begrenzt haltbar.

Der Klimawandel hat sich auch in Darjeeling im Laufe der letzten Jahre zunehmend bemerkbar gemacht. Das Wachstum der Teeblätter verändert sich, so dass die traditionelle Abgrenzung der jeweiligen Pflückperioden ins Fließen kommt. Extremwetterlagen mit hohen Niederschlagsmengen und Stürmen, besonders zur Monsunzeit, treten häufiger auf – mit den abrutschenden Steilhängen und Überflutungen, die dann in den Medien weltweit für Schlagzeilen und Katastrophenbilder sorgen. Teekenner mit einigen Jahrzehnten Darjeeling-Erfahrung stellen auch deutliche Veränderungen im Charakter der jeweiligen Saisontees fest.

Politisch gehört Darjeeling heute zum indischen Bundesstaat Westbengalen. Vor allem aus wirtschaftlichen Gründen wird immer wieder die Abtrennung der Himalaja-Regionen von Bengalen in einem eigenen Gorkha-Staat gefordert. Spannungen und häufige

Streiks bedrohen das prekäre Gleichgewicht auch in der Teeproduktion, von der alle hier leben. Wie sehr die Teeindustrie abhängt von politischen, auch außen- und handelspolitischen Rahmenbedingungen, zeigt sich in der jüngeren Geschichte Darjeelings.

Schon zu Zeiten der britischen Herrschaft und der Marktdominanz der Londoner Konzerne wurde die Produktion des gefragten Markentees auf Masse getrimmt: Immer mehr Flächen wurden abgeholzt, Böden mit Kunstdünger gesättigt, Pestizide und Herbizide ohne Bedenken und auch präventiv eingesetzt, um die Erträge zu steigern. Nach der Unabhängigkeit Indiens 1947 gingen die meisten Gärten in indischen Besitz über, produzierten aber weiter in dieser Art von Effizienz. Die Folgen dieser rücksichtslosen Expansion waren für Darjeeling verheerend. Die Böden waren ausgelaugt von der chemischen Überdüngung, Pflanzenbestände oft überaltert und mit Pestiziden belastet. Die Hänge sind bis heute vom Abrutschen bedroht nach der Abholzung des Waldes und der jahrzehntelangen Tee-Monokultur. In starken Monsunjahren sind die schmalen Fahrwege durch Schlammlawinen und Abbrüche oft wochenlang für Lastwagen nicht passierbar, so dass die Ernte nicht ausgeliefert werden kann.

Zu dieser ökologischen Katastrophe kam eine Absatzkrise hinzu, als 1990 mit dem Ostblock ein wichtiger Markt vorübergehend zusammenbrach. Denn Darjeeling war auch in der Sowjetunion bei Teetrinkern ein klangvoller Name. Als Indien sich zu Zeiten des Kalten Krieges von alten kolonialen Abhängigkeiten zu lösen suchte und sich dem sozialistischen Block annäherte, wurden Exporte von Tees aus Assam und Darjeeling in den damaligen Ostblock verstärkt. Die Produktion wurde nochmals erhöht, um diese Nachfrage zu bedienen. Zur Sowjetzeit verschnitten Staatskonzerne den «dünnen» Darjeeling oft mit kräftigen Flachlandtees aus Indien oder mit einheimischen Sorten aus den südlichen Landesteilen, um dem gewohnten Geschmack für den Samowar nahezukommen. Ost- und Südosteuropa sind bis heute Hauptabnehmer für indischen Tee geblieben. Im Exportjahr 2019 gingen 59 100 Tonnen in die Länder der GUS, davon mehr als drei Viertel

(45 600 t) allein nach Russland. Ganz Westeuropa inklusive Großbritannien und EU kommt mit gut 30 000 Tonnen gerade einmal auf die Hälfte des osteuropäischen Volumens (Zahlen des Tea Board India).

Im angestammten westeuropäischen Markt, namentlich auch im deutschen, konfrontierten Kunden und Händler die Teeproduzenten mit neuen Erwartungen an Produktreinheit und Umweltverträglichkeit, denen der Darjeeling-Tee Anfang der 1990er Jahre kaum noch entsprach. Manche abgewirtschaftete Gärten standen vor dem Ruin und wurden verkauft. Eine fundamentale Umorientierung war notwendig. In den engen Tälern kann weder die Anbaufläche vergrößert noch die erzeugte Teemenge ohne Qualitätsverlust erhöht werden. Sinnvoll konnte die Neuausrichtung nur auf Spitzenqualität der Marke Darjeeling zielen.

Nach mehr als 30 Jahren kann man heute feststellen, dass die indischen Teeproduzenten die gewaltige Herausforderung angenommen und einen Großteil der Probleme gelöst haben. Darjeeling liefert heute wieder hervorragenden Tee, 70 Prozent davon erfüllt die Anforderungen an Bio-Anbau gemäß den Richtlinien der EU. Die Produktpalette ist marktgerecht, erfolgreich erweitert um Grüntee, und auch Versuche mit weißem Tee und Oolong sind vielversprechend. Dass Darjeeling heute vor neuen, existenzbedrohenden Problemen steht, die mit globalen Entwicklungen im Teehandel und im Klima zusammenhängen, wird im Kapitel zum Welthandel betrachtet.

Nepal

Fast in Sichtweite Darjeelings, auf der gegenüberliegenden Seite des Tals, hat sich im Osten Nepals eine eigenständige Teeindustrie entwickelt. Im Ilam-Tal und in Dhakuta findet sich fast dasselbe Terroir wie in der Darjeeling-Region. Etwa 80 Plantagen und viele Kleinbauern produzieren hier zum Teil hervorragenden Tee, der früher häufig zur Verarbeitung nach Darjeeling gebracht und dann dem Darjeeling-Tee beigemischt wurde, weil in Nepal nicht genügend Fabriken vorhanden waren. Für die Qualität des Tees war das kein Verlust, weil die Natur des Himalaja den Teeanbau ähnlich begünstigt wie auf indischem Staatsgebiet.

Bei der Wertschöpfung sahen sich die nepalesischen Produzenten allerdings gegenüber der etablierten Marke Darjeeling systematisch benachteiligt. Um eine eigenständige Teewirtschaft in Nepal aufzubauen, fehlten ihnen jedoch vor allem Startkapital und internationales Marketing-Know-how – Deutsche Teefirmen, allen voran Gschwendner, und die Gesellschaft für Internationale Zusammenarbeit (GIZ), die im Auftrag der Bundesregierung entwicklungspolitische Projekte weltweit fördert, haben für die junge Teewirtschaft Nepals mit viel Engagement und letztlich erfolgreich Aufbauhilfe geleistet. Viele orthodoxe Nepal-Tees sind inzwischen gutem Darjeeling durchaus ebenbürtig und für Verbraucher preisgünstiger. Das kleine Land hat zwar nur ca. 0,5 Prozent Anteil am Tee-Weltmarkt, ist aber auf gutem Wege, sich als Eigenmarke aus dem langen Schatten Darjeelings zu lösen – so etwas braucht erfahrungsgemäß Jahrzehnte.

Sikkim, Terai, Dooars

Im nördlich von Darjeeling an der Grenze zu Nepal gelegenen Sikkim gibt es nur einen nennenswerten Teegarten, Temi. In Charakteristik und Erntezeiten entspricht der dort in überschaubarem Umfang erzeugte Tee mit geringen Nuancen dem Darjeeling, ist jedoch preiswerter.

Das tiefer gelegene (300–800 m) und direkt an Darjeeling angrenzende Teegebiet Terai umfasst mehr als 40 Gärten. Auf den teilweise stark lehmhaltigen Böden erzeugen sie hohe Erträge von bis zu 500 Kilogramm pro Hektar an Tees in einfacher bis mittlerer Qualität. Im Export spielen sie bisher keine nennenswerte Rolle. Sie werden zu denselben Zeiten wie Darjeeling geerntet und ebenso verarbeitet, zeigen im Geschmack jedoch, der geringeren Höhenlage entsprechend, kräftigere Nuancen in Richtung Assam-Tee.

Ein noch deutlicheres Assam-Profil haben die Tees aus Dooars. Mit mehr als 60 000 Hektar ist Dooars Indiens drittgrößtes Anbaugebiet und grenzt an die Hochebene von Assam. Die Ernte der ertragreichen Assamica-Hybrid-Pflanzen findet zwischen Ende April und Ende November statt und erbringt typische Flachland-Tees durchschnittlicher Qualität. Tees aus Dooars erscheinen auch im dunklen, würzigen Aufguss wie Assam-Tee, sind im Geschmack aber sanfter.

Nilgiri

Tief im Südwesten des Subkontinents, in den bis zu 2600 Meter hoch gelegenen Blue Mountains, die sich über die Provinzen Karnataka, Kerala und Tamil Nadu erstrecken, wird seit 1835 Tee angebaut. Keimzelle war die Gegend um das malerische Udhagamandalam, zur britischen Kolonialzeit Ootacamund oder «Ooty» genannt, eine «Hill Station» auf 2250 Metern Höhe. Bis heute mutet es mit schönster englischer Kolonialarchitektur, gepflegten Gärten und Rasenflächen fast wie eine englische Kleinstadt an. Treibende Kraft hinter dem Teeanbau war auch hier die East India Company, die vom Gouverneur von Madras tatkräftig unterstützt wurde. Über ihren eigens gegründeten Tee-Ausschuss ließ sie ab 1835 zwischen Ootacamund und Coonoor Teepflanzen der chinesischen Hochland-Variante anbauen. Der ehemalige Sekretär der EIC John Sullivan war der Erste, der das Potenzial der Gegend für den Teeanbau erkannte und in größerem Umfang Land aufkaufte. Auch hier waren die Versuche nach anfänglichen Fehlschlägen bald erfolgreich. Heute produzieren die auf 80 000 Hektar ausgedehnten – im Vergleich zu Assam eher kleinen – Teegärten des Nilgiri etwa ein Viertel des gesamten indischen Tees. Die südlichere Lage prägt auch das feucht-heiße Tropenklima und den Charakter des Tees, der eine deutliche herb-fruchtige Zitrusnote im Geschmack und rotbraune Farbnuancen aufweist – Sri Lanka und der Äquator sind nicht weit. Gärten wie Coonoor, Parkside, Thiashola und Havukal sind weltweit Begriffe für feinsten Südindien-Tee. Besonders bei britischen Teetrinkern ist diese Geschmacksrichtung beliebt. Nilgiri-Tees bilden daher die Grundlage vieler Englischer Mischungen. Sie werden ganzjährig geerntet. Die besten Tees werden aber auch hier im Frühjahr zwischen Februar und April und nach dem Monsun ab Juli bis September produziert.

Singampatti

Ein bemerkenswertes Beispiel für die Koexistenz von gewerblichen Teeplantagen und Naturschutz findet sich in Singampatti, südöstlich von Cochin in den 1000–1500 Meter hohen Manjolai-Hügeln der Western Ghats im südlichen Tamil Nadu. Mitten im Dschungel des Tigerreservats Kalakad Mundanthurai betreibt die private Bombay Burmah Trading Corporation – sie gehört Indern, trägt aber stolz und gelassen den Namen aus der Kolonialzeit seit 1863 – erfolgreich drei große Teegärten, die fast ihren gesamten Strom mit Windkraft erzeugen. Seit ein paar Jahren wird in allen Gärten auch grüner, im Garten Oothu sogar weißer Bio-Tee recht guter Qualität produziert nach den Grundsätzen Rudolf Steiners. Der Anthroposoph wird hier ganz selbstverständlich zitiert als Inspiration. Verwundern muss das im Grunde nicht: Wer als Hindu oder Buddhist vertraut ist mit zyklischen Vorstellungen von Wiedergeburt und dem großen, allumfassenden Rad des Lebens, geht mit der natürlichen Umwelt und seinen Mitgeschöpfen respektvoll um, und sei es in der Teeproduktion. Auch in Singampatti ist die dauerhafte, verlässliche Zusammenarbeit mit einem deutschen Teehändler – wiederum Gschwendner – ein Grundstein für den Erfolg. Der NABU Deutschland wurde ebenfalls überzeugt und engagierte sich mit einem Projekt für das Tigerreservat in den Teegärten, das inzwischen erfolgreich abgeschlossen werden konnte.

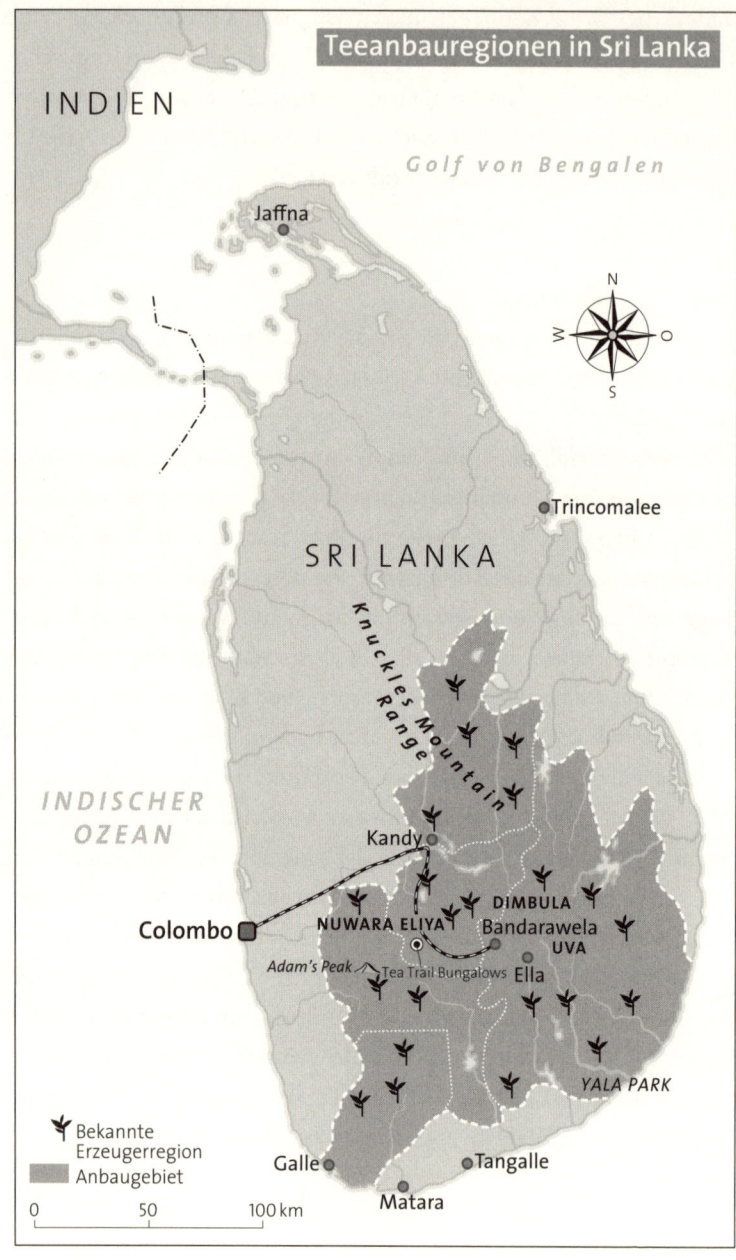

Teeanbauregionen in Sri Lanka

INDIEN

Golf von Bengalen

Jaffna

N
W   O
S

Trincomalee

SRI LANKA

Knuckles Mountain Range

INDISCHER
OZEAN

Kandy

Colombo

NUWARA ELIYA

DIMBULA
Bandarawela
UVA

Adam's Peak   Tea Trail Bungalows   Ella

YALA PARK

Bekannte
Erzeugerregion
Anbaugebiet

0   50   100 km

Galle

Tangalle

Matara

4. *Sri Lanka*

Im Hochland des kolonialbritischen Ceylon begann der Teeanbau, anders als in Indien, nicht mit der Rodung des Dschungels. Der Regenwald war bereits kahl geschlagen für zahlreiche Kaffee-, Kakao- und Cinchona-Plantagen, die britische Pflanzer ab etwa 1830 angelegt hatten. Dies war möglich nach der blutigen Eroberung des letzten singhalesischen Königreiches von Kandy durch die Kolonialarmee (1814–1818). Man verlor keine Zeit und sorgte für eine leistungsfähige Infrastruktur für den Transport, an erster Stelle eine Straße zwischen Colombo und dem zentralen Hochland. Um Kandy und Nuwara Eliya breiteten sich die wichtigsten Plantagen aus. Tausende von Tamilen wurden aus Südindien als Arbeitskräfte ins Land geholt.

Vor allem der Kaffee gedieh prächtig, bis 1869 der Kaffeerost (*Hemileia vastatrix*), eine Pilzkrankheit, innerhalb kürzester Zeit fast den gesamten Kaffeebestand der Insel vernichtete. Viele Pflanzer standen vor dem Ruin. Nur 400 von ursprünglich 1700 verblieben auf der Insel; die anderen fuhren heim, meist arm und gebrochen. Eine Alternative zum Kaffeeanbau wurde dringend gesucht – und gefunden im Tee.

Seit 1867 hatte der Schotte James Taylor auf der Plantage Loolecondera bei Kandy erfolgreich den Anbau von Teepflanzen erprobt, den er 1866 bei einem Besuch in Indien kennen gelernt hatte. Schon 1872 arbeitete in Loolecondera eine nach dem Konzept des technisch begabten Taylor voll ausgerüstete Teefabrik, für die er auch eine von ihm entwickelte Rollmaschine in Auftrag gab. 1875 wurde die erste Partie Ceylon-Tee in London versteigert. In ihrer Not folgten zahllose andere Pflanzer Taylors Beispiel und stellten von Kaffee auf Tee um. Taylor selbst, ein rastloser Querkopf, Hüne von 120 Kilogramm und trinkfester Junggeselle, erlebte bis zu seinem Todesjahr 1892 den rasanten Exporterfolg Sri Lankas von anfangs 23 Pfund bis zu 22 900 Tonnen im Jahr und begründete eine folgenreiche Partnerschaft mit Sir Thomas Lipton, der ihn 1890 besuchte.

Lipton-Werbung von 1896

Lipton, als Sohn nordirischer Eltern 1850 in Glasgow geboren, war mit 15 Jahren in die USA ausgewandert. Fünf Jahre später kam er zurück nach Glasgow und übernahm das Lebensmittelgeschäft seiner Eltern. Mit amerikanischen Marketing-Methoden führte er es zu so durchschlagendem Erfolg, dass es in kürzester Zeit zum Großunternehmen wuchs. Berühmt wurde der leidenschaftliche Segler später auch als regelmäßiger Teilnehmer an den America's-Cup-Regatten zwischen 1899 und 1930. Gewonnen hat er nie, aber ein Ehrenpokal als «bester aller Verlierer» brachte ihm und seinem Firmenimperium zusätzliche Popularität. 1902 wurde er zum «First Baronet» geadelt.

Zur Zeit seines Besuchs bei seinem Landsmann James Taylor in Ceylon besaß er beiderseits des Atlantiks über 300 Ladengeschäfte, allein in London über 70. Die Produktpalette seines Unternehmens hatte er seit 1888 um Tee erweitert. Nun übernahm er als findiger Marketing-Stratege die Idee seines Konkurrenten John Horniman, damals einer der erfolgreichsten Teehändler der Welt. Horniman hatte bereits seit 1826 Mischungen in bestimmten Standardmengen maschinell abpacken lassen und unter dem Namen des Importeurs als «Markentee» gleichbleibender Qualität verkauft. Bis dahin hatte man Tee wie Kakao, Kaffee, Rohrzucker und andere Kolonialwaren im Laden abgefüllt aus Säcken oder Kisten – ein weites Betätigungsfeld für fantasievolle Betrüger. Hornimans Enkel verkaufte die Firma schließlich 1918 an J. Lyons & Co. Bis heute ist Lipton einer der großen Namen im weltweiten Teegeschäft; als Markenname war er bis 2021 Teil des Unilever-Imperiums. Die Geschichte Thomas Liptons und seines Konzerns von der Wende zum 20. Jahrhundert bis zur Gegenwart wird später im Kapitel zum Welthandel verfolgt.

Die wachsende Beliebtheit des Ceylon-Tees bei britischen Kunden stimulierte Londoner Großfirmen zur Übernahme der kleinen bis mittelgroßen Plantagen. Allein Lipton besaß ca. 2300 Hektar «unter Tee» in Sri Lanka. Auch Loolecondera wurde verkauft und Taylor 1891 entlassen. Lipton führte den Direktimport unter Ausschaltung des Zwischenhandels ein und bewarb mit Slogans wie «Vom Garten in die Tasse» die Frische und Reinheit seines Ceylon-Tees so erfolgreich, dass Mitglieder des britischen Königshauses ihm mehrfach die Ehre eines Besuchs in seinen Teegärten erwiesen. Er pflegte sie an einem besonders schönen Aussichtspunkt in der Nähe von Ella im östlichen Hochland zu bewirten. Ein kleines Teemuseum in Hantana bei Kandy zeigt anschaulich die Geschichte Taylors und der Anfänge des Teeanbaus in Sri Lanka.

Die Teewirtschaft ist heute das ökonomische Rückgrat Sri Lankas. Die kleine Insel, etwa so groß wie Bayern, exportiert mit rund 300 000 Tonnen mehr Tee als das riesige Indien und wird nur von Kenia (ca. 500 000 t) und China (365 000 t) übertroffen (Zahlen 2020, FAO).

Der Äquator verläuft rund 600 Kilometer südlich von Sri Lanka. Diese geografische Breite und die Insellage mit Gebirgsgegenden und Monsunen prägen das Tropenklima mit einer Luftfeuchtigkeit von

80–90 Prozent – alles wie geschaffen für den Teeanbau. Die Insel kennt zwei Monsunzeiten: Während des Südwest-Monsuns zwischen Juni und September wird geerntet im Uva-Distrikt auf der Ostseite des zentralen Hochlandes. Wenn die Osthälfte im Regen des Nordost-Monsuns versinkt, regelmäßig zwischen Dezember und März, wird im zentralen und westlichen Hochland geerntet. Aus Dimbula, Nuwara Eliya und Dikoya in Höhen zwischen 1300 und 2500 Metern kommen dann einige der feinsten Ceylon-Qualitäten, die als «Highgrown» klassifiziert werden. «Mediumgrown» (600–1300 m) und «Lowgrown» (bis 600 m) fallen demgegenüber ab und werden vorwiegend für Frühstücks- oder Aroma-Mischungen wie Earl Grey verwendet. Mehr als 90 Prozent des Ceylon-Tees, auch hochwertige Orange Pekoe, werden als Broken-Sorten verarbeitet; Blatt-Tees sind die Ausnahme.

Dimbula

Dimbula, eines der ältesten und bekanntesten Anbaugebiete, liegt im Südwesten der Insel. Aus berühmten Gärten wie Bogahawatte, Bogawantalawa und Lovers' Leap stammt der typische helle bis kupferrote Dimbula. Er zeigt ein kräftiges, leicht herbes Aroma mit einem Anflug von Zitrusgeschmack. Beste Qualitäten werden geerntet in den kühlen, trockenen Monaten Februar und März.

Nuwara Eliya

Nuwara Eliya («Nurélia» gesprochen, singhalesisch «Stadt des Lichts») liegt im zentralen Hochland am höchsten Berg der Insel, dem Pidurutalagala (2524 m) und gibt einer anderen berühmten Teesorte Sri Lankas den Namen. Der Ort mutet an wie eine altmodische englische Kleinstadt von 25 000 Einwohnern. Wie Darjeeling und Ootacamund ist das Städtchen aus einer «Hill Station» der Briten hervorgegangen, weitab vom schwül-fiebrigen und lauten Colombo. Und es kultiviert sein koloniales Erbe: Das Grand Hotel (Potsdams Cecilienhof unter Tropenbäumen), General's House, Victoria Park, Lake Gregory und Forellenbäche, die Pferderennbahn und der älteste 18-Loch-Golfplatz Asiens, der liebevoll gepflegt wird, stammen wie das Postamt aus der Kolonialzeit. Eine Mitgliedschaft im obligaten Hill Club ist ein begehrtes Statussymbol der Hautevolee in Sri Lanka: Zutritt für Herren nur mit Krawatte, im Notfall beim Garderobier zu leihen.

Die Teegärten um Nuwara Eliya zählen zu den höchstgelegenen der Insel. Auch deshalb bevorzugen sie besonders feine Hybridzüchtungen der China-Pflanze, während sonst für Ceylon-Tees ein höherer Assamica-Anteil die Regel ist. Geerntet wird – bis auf ein paar Frosttage, die hier vorkommen – rund ums Jahr bei gleichbleibend guter, hocharomatisch-frischer Qualität des Tees. Einige der sieben bekannten Plantagen der Region wie Labookellie oder Pedro Tea Estate verbinden das Teegeschäft mit Tourismus und haben einen professionellen Besucherservice eingerichtet. Die ehemalige Heritance Tea Factory ist zu einem Hotel ausgebaut. Wenn kein Hochbetrieb herrscht, lohnt der Besuch.

Uva

Das dritte große Anbaugebiet Sri Lankas, Uva, liegt im Südosten in einer ursprünglich anmutenden Landschaft mit altem Baumbestand und wilden Flussläufen. Sie dehnt sich aus über acht Unterdistrikte in mittleren Höhenlagen zwischen 914 und 1524 Metern. Die besten Erntezeiten hier sind monsunbedingt die Monate zwischen Juli und September. Der Uva-Tee ist dunkler, leicht rötlich in der Farbe und erinnert auch im Geschmack an Assam mit einer Nuance von Preiselbeeren. Er ist beliebt für klassische Ceylon-Mischungen.

Kandy, Uda Pusselawa, Südprovinz

Auch die alten Anbaugebiete um Kandy im Norden und Uda Pusselawa, zwischen Nuwara Eliya und Uva, produzieren gute Broken-
Qualitäten der Mittleren Höhenlage. Die flacheren Gebiete der Südprovinz um Galle, Matara und Mulkirigala erzeugen den weniger
qualitätvollen Lowgrown Tea, der gern in Teebeuteln, als Fülltee für
Mischungen oder als Basistee für Aromatisierung verwendet wird.

Eine zu über 90 Prozent auf den Export ausgerichtete Schlüsselindus-
trie wie die Teewirtschaft in Sri Lanka ist immer ein Politikum ersten
Ranges. Das war schon in kolonialer Zeit so, als die wichtigen Ent-
scheidungen in London getroffen wurden: zur gewaltsamen Eroberung des Hochlandes, zur Einführung der Plantagenwirtschaft, zum
Ausbau der dafür nötigen Fabriken und der Infrastruktur, zum großzügigen Import von Arbeitskräften und zur strategischen, möglichst
gewinnbringenden Vermarktung des Tees. Die erforderlichen Maß-
nahmen wurden früh ergriffen: Bereits 1894 wurde die Ceylon Tea
Traders Association gegründet, die zusammen mit der Industrie- und
Handelskammer bis heute das Teegeschäft lenkt. Das 1925 gegründete
Tea Research Institute legt Forschungsprogramme auf zur Produktop-
timierung und Qualitätskontrolle, das Ceylon Tea Propaganda Board
kümmert sich seit 1932 um Marketing und Image des Ceylon-Tees. 1934
wurde der Export minderwertigen Tees per Gesetz verboten.

Nach der Unabhängigkeit Sri Lankas 1948 dauerte es mehr als
zwei Jahrzehnte, bis die sozialistische Regierung zwischen 1971 und
1975 alle Teeplantagen in britischem Besitz verstaatlichte. Der Grund-
besitz wurde auf 50 Hektar pro Garten beschränkt, die Kontrolle der
verkleinerten staatlichen Teegärten über das 1976 gegründete Sri
Lanka Tea Board und die Tea Small Holdings Development Autho-
rity (TSHDA) gelenkt. Ab 1976 wurden Teebeutel in Sri Lanka export-
fertig konfektioniert, CTC-Produktion wurde 1983 eingeführt, der

Import von billigen Tees zum Verschnitt und Re-Export 1981 erlaubt: Diese Praktiken der internationalen Konzerne sollten auch für den Ceylon-Tee das Geschäft ankurbeln. Sri Lanka stieg zum führenden Tee-Exporteur der Welt auf; für die Qualität des damaligen Produkts war das jedoch kaum förderlich. Die Einsicht begann sich durchzusetzen, dass Staatsbetriebe nicht zwangsläufig die optimale Lösung für Qualitätssicherung und kaufmännisches Management in der Teewirtschaft sein müssen. Nach erheblichen Verlusten wurden 1992/93 die letzten 23 Teegärten in Staatsbesitz an private Betreiber verkauft.

Dilmah

Eine der heute bekanntesten Teemarken Sri Lankas, Dilmah Tea, geht auch auf die Privatinitiative eines Geschäftsmannes aus Colombo zurück. Merrill J. Fernando, der im Londoner Teehandel gelernt hatte, rebellierte 1974 gegen das britische «Branding»-System: Die Produzenten in Sri Lanka lieferten dabei den Ceylon-Tee, die internationalen Konzerne mischten ihn mit billigeren Sorten, füllten ihn als «Ceylon Blend» in Teebeutel ihrer Marke und schöpften den Großteil der komfortablen Profitmarge ab. Gegen heftigen Widerstand der Branche und auf dem Umweg über eine australische Supermarktkette etablierte Merrill Fernando «Dilmah» in den 1980er Jahren als Marke für reinen Ceylon-Tee. Der wird in Sri Lanka fertig gepackt, größtenteils in Teebeuteln, und mit wachem Marketing-Gespür über ein inzwischen weltweites Händlernetz exportiert. Arbeitsplätze, Profite und Steuern bleiben so im Lande. Über Stiftungen wird viel für das heimische Bildungs- und Sozialsystem getan. Heute stuft der Wirtschaftsanalyst Datamonitor «Dilmah» unter die zehn größten Tee-Unternehmen der Welt ein. Da die Bezeichnung «Ceylon-Tee» ähnlich missbraucht wird wie im Falle Darjeeling, hat das Sri Lanka Tea Board – nicht zuletzt auf Betreiben Merrill Fernandos – strenge Echtheits-Kontrollen eingeführt: Authentischer Ceylon-Tee trägt das «Lion Logo» des Löwen mit dem Schwert und meist auch den Vermerk «Pure Ceylon Tea – Packed in Sri Lanka».

Das Warenzeichen von Ceylon-Tee mit Löwe und Schwert

Tea Trail Bungalows

Auch die zwei Söhne des Firmengründers, in englischen Eliteinstitu-
tionen erzogen und engagiert im Konzern, wissen sich mit neuen
Ideen der Teetradition verpflichtet: Fünf abgewirtschaftete Verwal-
ter-Bungalows im Kolonialstil, teilweise aus der Gründungszeit der
Teeplantagen im «Golden Valley of Sri Lankan Tea» um den Castle-
reagh-Stausee im Hochland, wurden gründlich landestypisch reno-
viert, jeweils in 3–4 Suiten aufgeteilt und mit allem Komfort und in-
ternationalem Spitzen-Service versehen. Die «Tea Trail Bungalows»
werden inzwischen als perfekte Tropenparadies-Verstecke für Luxus-
urlaub weltweit gefeiert. Sie haben auch Weltstars zu Gast, wurden
prämiert von Hochglanz-Magazinen und in die noble französische
«Relais et châteaux»-Kette adoptiert.

Artisanal Tea: Tee abseits von Plantage und Fabrik

Teeproduktion für große Unternehmen braucht Plantagen und Fabriken, um die Anforderungen des internationalen Marktes an Standardqualität und Liefermengen zu erfüllen. Daneben haben sich in den letzten Jahren selbstständige Teebauern Nischenplätze erobert. Sie bewirtschaften kleinere Flächen und stellen Tee nach überlieferten Methoden und größtenteils in Handarbeit her. Sie nennen ihn «Artisanal Tea» – nach dem französischen und englischen Begriff für Kunsthandwerker.

Da sie davon in der Regel nicht den gesamten Lebensunterhalt für ihre Familien verdienen können, bauen sie auch andere landwirtschaftliche Produkte an, oder sie suchen zusätzliche Einnahmequellen im Tourismus, denn viele Besucher Sri Lankas zeigen durchaus Interesse an der Teeproduktion. Und einige der Gärten liegen in den ursprünglichsten Landschaften der Insel – abseits der Trampelpfade des Massentourismus entlang der Küsten.

Amba Estate

Wie lohnend Besuche in kleinen Teegärten sein können, haben meine Frau und ich mehrfach erfahren, erstmals in Ambadandegama Village, von dem uns Freunde in Tangalle erzählt hatten. Das Amba Tea Estate liegt auf einer Klippe am Rand des Uva-Hochlands, oberhalb vom Ravana-Ella-Wasserfall, der in verschlungenen Kaskaden 300 Meter tief ins Tal des Kirinda-Flusses abstürzt. Der Ort ist eingegangen in die indische Mythologie: Das 4000 Jahre alte Hindu-Epos Ramayana erzählt, dass der sri-lankische König Ravana die schöne Frau Ramas, Sita, entführt und in einer Höhle hinter dem Wasserfall versteckt habe. Rama habe dann mit Hilfe des Affengottes Hanuman in einer Schlacht den König Ravana besiegt und Sita heimgeholt, nachdem sie im Wasserfall gebadet habe.

Gegenüber ist Ella Gap zu sehen, eine Schlucht, die spektakuläre Durchblicke über die halbe Insel bietet. Auf dem alten Handelsweg durch die Schlucht transportierten Elefantenkarawanen kostbares Salz von den Salzgärten der Südküste am Yala-Park zum Königreich Kandy. Der Ort Ella ist leider seit dem Ende des Bürgerkrieges von Partytourismus überflutet; wer ihn von früheren Besuchen kennt, sollte besser von seinen Erinnerungen und Fotos leben. Amba? Kennt dort niemand. Also anrufen und fragen, wie man hinkommt. Eine schottisch klingende Frauenstimme, deren Lachen verrät, dass sie die Frage schon kennt, gibt Auskunft: «Also, hinter Ella rechts einbiegen, dann der Straße immer weiter folgen – Vorsicht beim Gegenverkehr, die ist höllisch schmal … immer weiter, bis sie aufhört. Dann nicht aufgeben, immer weiter geradeaus, es wird ein bisschen holprig, so nach vier Meilen geht's links ab, dann seht ihr schon die grünen Dächer von Amba. Freue mich auf euch!»

Im Garten hinter den zwei Häusern stehen hier und da ein paar Teebüsche, dazwischen grasen Kühe, auf der Stromleitung sitzt ein Eisvogel. Das Tor wird geöffnet, wir steigen vor einer Art Loggia aus, in der Beverly Wainwright beim Tee sitzt, eine schlanke Frau mittleren Alters in Arbeitsmontur. Meine Bemerkung zu den großen Teeblättern im Sieb fasst sie als die Anerkennung auf, als die sie gemeint war – und schon sind wir im Gespräch.

Die Geschichte Ambas begann um 1900, als ein tamilischer Plantagenarbeiter den britischen Besitzern kündigte und auf 26 Hektar Land seinen eigenen Tee anbaute. Die Familie Pillai erweiterte den Teeanbau auf das gesamte Tal, baute zwei Fabriken und gehörte bald zu den reichsten Dynastien der Insel. Nach dem Tod des Gründers 1953, Erbstreitigkeiten, der Enteignung und Aufteilung der großen Plantagen und dem Bürgerkrieg in den 1980er Jahren verfiel Amba Estate. Seine Wiedergeburt begann 2006, als Simon Nihal Bell, britischsri-lankischer ehemaliger UN-Berater für Klein- und Mittelindustrie, zusammen mit drei Kollegen aus Usbekistan, Italien und den USA den verlassenen Teegarten kaufte und gemeinsam mit den Dorfbewohnern das Amba Estate Project als Modellprojekt für nachhaltige ländliche Entwicklung in Angriff nahm. Beverly stieg 2010 zusammen mit ihrem Mann als Business-Entwicklerin in das Amba-Projekt ein.

Mit einem Team aus dem Dorf wurden die über 70 Jahre alten Büsche reaktiviert oder ersetzt durch Nachpflanzungen aus Samen von den alten Pflanzen. Amba Estate produziert Tee nach alter Art und konsequent organisch. 15 Dorfbewohnerinnen, die *tea ladies*, pflücken pro Tag kaum mehr als 10 Kilogramm Blätter, jeweils nur eine Blattknospe und ein Blatt der feinsten Qualität, und sie verarbeiten diese auch selbst. Sie rollen sie in Handarbeit und trocknen sie in der Sonne oder, wenn das Wetter es erfordert, in einem schrankartigen Trockner, der eigentlich zum Trocknen von Zimtstäben gebaut war. Oder sie zerstoßen die Blätter mit einem Holzstampfer in einem Granitmörser: Für diesen Vangedi-Tee («Diebes-Tee») wurden früher Blätter verarbeitet, die Teepflückerinnen heimlich von ihrer Arbeit nach Hause mitgenommen hatten – diese Geschichte ist übrigens besser als der so produzierte Tee.

Aber der handgerollte Amba-Tee gehört zum Feinsten, was auf der Insel zu finden ist. Und wenn im August die Teebüsche blühen, werden in den fertigen Golden Flowery Orange Pekoe noch frische Teeblüten gemischt. Dieser seltene Tee mit intensivem Honigaroma lässt auch erfahrene Teetester anerkennend die Brauen nach oben ziehen. Einer hätte gern viel mehr geordert, aber Amba produziert nur Kleinmengen, und die Warteliste ist lang. Selbst Fortnum & Mason, eines der renommierten Teegeschäfte in London, hat zwar Amba-Tee im Programm, aber nur im Ausnahmefall den Blütentee. Auch der Ingwer-Tee mit handgeschnittenen, winzigen Bio-Ingwerstücken ist ein Artisanal Tea der Extraklasse.

Neben Tee produziert Amba Kaffee, Marmeladen, Gewürze und andere Spezialitäten, die im Hofladen bei Besuchern oder auf dem Bio-Markt in Colombo guten Absatz finden. In dem alten Verwalter-Bungalow wurde bald ein kleines Gästehaus für 4–6 Personen einge-

richtet, das ständig ausgebucht war. Nach diesem Erfolg baute man
dann weitere Unterkunftsmöglichkeiten, so dass heute bis zu 15 Personen untergebracht und auf Wunsch auch mit authentischer lokaler Kost verpflegt werden können – stolz serviert von den engagierten und freundlichen Dorfleuten. Es geht rustikal-einfach zu,
verdient sich aber Fünf-Sterne-Bewertungen und Jubelkommentare
der Gäste in den einschlägigen Internet-Portalen. Mittlerweile ist
dieser Kleintourismus die Haupteinnahmequelle für das Amba-Projekt geworden.

Besucherinnen und Besucher bleiben gern wegen der wild-schönen Berglandschaft ringsum: Man kann oberhalb des Ravana-Ella-Wasserfalls baden, Wanderungen mit atemberaubenden Ausblicken
genießen, sich durch den Garten führen lassen oder beim Teemachen
in Handarbeit helfen – die beste Schule für den Umgang mit Tee.

Oder man kann mit dem unvermeidlichen Tuk-Tuk ca. 15 Kilometer über «Oh My God Road»-Pisten die Schlaglöcher – groß wie
Lastwagenreifen und mit scharfen Kanten – umkurven bis zu Lipton's
Seat. Hoch über seinem alten Dambatenne-Teegarten, mit 1530–
1970 Metern der höchstgelegene in Uva, thront ein Plastik-Lipton mit
Tropenhelm an dem Lieblingsort, an dem er auch königliche Gäste zu
bewirten pflegte. Abgegriffen sieht er aus, von Regen und Wind im
rauen Bergklima, aber auch von den Besucherinnen, die sich fürs Selfie bei ihm eingehakt haben.

Zum Abschied von Amba winkt Beverly: «Passt auf die Kobra auf,
die hat ihr Nest links neben dem Tor!» Wir werden Beverly erst in
Schottland wiedersehen, wo sie seit 2015 zusammen mit «Neun tanzenden Damen» Artisanal Tea kreiert in den «Tea Gardens of Scotland», in Klimazonen weitab der Tropen – dazu später mehr.

Amba Estate war von Beginn an als Modellprojekt gedacht für
nachhaltiges Zusammenleben einer Kooperative von ortsansässigen
Kleinbauern. Auch durch seinen Erfolg hat es sechs Partner an anderen Orten Sri Lankas zur Nachahmung inspiriert, die sich mit Amba
zur «Sri Lanka Artisanal Tea Collective» zusammengeschlossen

haben. Gemeinsam vermarktet man sich, lernt voneinander und hilft sich gegenseitig.

Das Kaley Tea Estate liegt im südlichen Tiefland der Insel in der Nähe des letzten Regenwaldes in Sinharaja.

Forest Hill Estate

Wir wollten aber einen anderen Garten besuchen, in dem Buddika Dissanyaka «Waldtee» herstellt, nachdem er zuvor 15 Jahre lang auf Plantagen gearbeitet hatte. Warnagala liegt am Aufstieg zum Adam's Peak: Die markante Pyramide des mit 2243 Metern zweithöchsten Berges in Sri Lanka ist für Christen, Buddhisten und Muslime ein heiliger Ort, zu dem man mindestens einmal im Leben gepilgert sein muss. Als Buddika zum Gipfel unterwegs war, sah er eine Gruppe von mehr als 10 Meter hohen Teebäumen – die ausgewachsenen Überbleibsel einer verlassenen Plantage, die schottische Pflanzer vor 140 Jahren angelegt hatten. Er zog in den renovierten Bungalow, pflanzte neue Teebüsche und andere Nutzpflanzen dazu und produziert nun einen charaktervollen Tee, der seine Kraft aus den langen Pfahlwurzeln im Waldboden zieht. Trittsicher und schwindelfrei müssen Pflücker schon sein, wenn sie die Blätter in den hohen Teebäumen sammeln. Die Verarbeitung per Hand erfolgt dann ähnlich wie in Amba.

Adam's Peak

Natürlich wollten wir den riesigen Fußabdruck in einem Stein auf dem Gipfel sehen, den – je nach Religion der Pilger – Buddha, Shiva oder Adam hinterlassen hat und den buddhistische Mönche rund ums Jahr bewachen. In der Saison sind an Wochenenden und bei Vollmond 30 000 Pilger aller Altersgruppen unterwegs auf den Stufen zum Gipfel – die mehr als 5000 unterschiedlich hohen und breiten Stufen sind eine sportliche Herausforderung. Um den Sonnenaufgang auf dem

Gipfel zu erleben, geht man nachts gegen zwei Uhr los. Vorher kann man sich ein bisschen Schlaf holen in einer der zahllosen Behelfsunterkünfte – wenn die denn bewohnt sind. Wir kamen außerhalb der Saison, jeder warnte uns: Der Weg führt mitten durch ein Naturreservat, da gibt es immer Elefanten und Schlangen. Und Wildbienen. Und Blutegel, die kerzengerade aufgerichtet am Weg lauern. Aha, Lebensgefahr: Da müssen wir durch!

Die Pilgersiedlung sah aus wie eine verlassene Goldgräberstadt in Sacramento, kein Mensch weit und breit. Nach langer Suche fanden wir Quartier im Verwalterhaus einer Teeplantage, in der Waschküche. An Schlaf war nicht zu denken, wir schlotterten durch eine der kältesten Tropennächte, die wir je in Sri Lanka erlebt haben. Auch der Bezug vom Bügelbrett, den wir abgezogen hatten, half nicht wirklich. Und dann – der stundenlange, einsame Aufstieg mitten in der Nacht, ohne die Beleuchtung, die während der Saison die Stufen berechenbar macht: eine Charakterprobe. Sie wurde tapfer bestanden, ohne Bravour, ab Stufe zweitausend mit Pudding in den Knien, nassgeschwitzt, aber auch durchhaltewillig bis zum Fußabdruck ganz oben. Der Blick auf den gewaltigen Schatten der Gipfelpyramide, den die aufgehende Sonne mit ihrem Farbenspiel auf die Wolkendecke unter uns warf, entschädigte für alles: Man versteht, warum dieser Berg allen Religionen der Insel heilig ist. Der erste Tee nach dem Abstieg, natürlich wieder fünftausend Stufen, war ein Vorgeschmack vom Paradies. Und der elende Muskelkater war nach drei Tagen vergessen.

Die touristischen Entdeckungen auf den Spuren der Artisanal Teas oder auch in den exklusiven Tea-Trail-Bungalows gehören zu den schönsten Erlebnissen für Teeliebhaber. Simon Bell und Leute wie er werden diese Verbindung von Tee und authentischem Besucherservice mit neuen Ideen weiter ausbauen – es lohnt in jedem Fall, diese Welt der Artisanal Teas in eine Besuchsplanung für Sri Lanka einzubeziehen.

Auch einige Gärten in Darjeeling, in Sikkim und in den Nilgiris bieten ähnliche Kombinationen von Übernachtungen auf Plantagen

und touristischen Ausflügen an; in Darjeelings Makaibari Estate können auch einige Gäste mitarbeiten. Am besten erkundigt man sich vor
Ort, weil sich die Situation in kleinen Unterkünften schnell ändern
kann und weil manche keine Internet-Reservierungsmöglichkeit
bieten.

5. Indonesien

Schon zu Zeiten der mächtigen VOC, der Vereenigde Oostindische
Compagnie von 1602, war Tee ein zunehmend wichtiges Handelsgut
neben den teuren Gewürzen. Die Compagnie hatte 1619 auf Java den
Handelsstützpunkt Batavia, das heutige Jakarta, gegründet – der Auf-
takt zur 329 Jahre währenden Vorherrschaft der Niederländer im heutigen Indonesien. Tee wurde allerdings nicht im Lande angebaut, sondern aus China im innerasiatischen Handel gekauft und mit üppigen
Profitmargen nach Europa verschifft. Der Anbau von Tee auf Java
begann erst 1826, nachdem die Niederlande sich 1824 mit England vertraglich über die Besitzverhältnisse geeinigt hatten: Nach vier Seekrie-
gen (1652–1784) und der Auflösung der bankrotten VOC (1798) behiel-
ten sie Indonesien als Kolonie, die Briten die Malayische Halbinsel.

Man begann zunächst, wie in Kalkutta mit wenig Erfolg, mit dem
Anbau chinesischer Teepflanzen. Erst ab 1878 wurde in größerem Umfang Assam-Pflanzgut eingesetzt, das im äquatorialen Klima besser
gedieh. Die Zahl der Gärten wuchs von anfangs 40 auf 280 im Jahr
1920, ca. 15 Prozent davon auf Sumatra. Heute erzeugt Indonesien
128 800 Tonnen Tee, von denen 67 Prozent im Lande getrunken werden. Deutschland importiert davon jährlich rund 4000 Tonnen (Zahlen
2020, Deutscher Tee & Kräutertee Verband). Dies ist bemerkenswert,
weil durch die japanische Besetzung im Zweiten Weltkrieg und den an-
schließenden Unabhängigkeitskampf der Teeanbau praktisch ruiniert
war und erst in den 1980er Jahren wieder aufgebaut werden konnte.

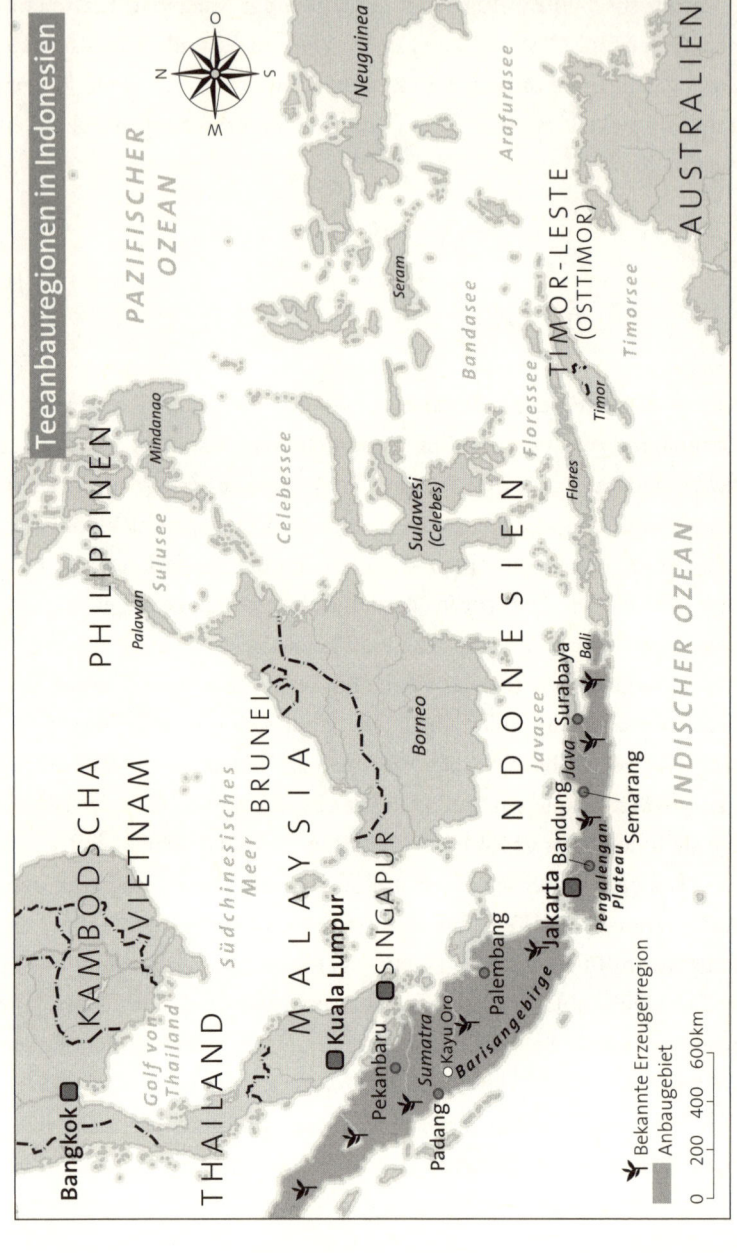

Die Anbaugebiete auf *Java* erstrecken sich von Ost nach West auf den fruchtbaren Vulkanböden der ca. 1400–1600 Meter hoch gelegenen Pengalengan-Hochebene. Geerntet wird das ganze Jahr über, die besten Qualitäten allerdings in der Trockenzeit von Juli bis September. Auf *Sumatra*, direkt am Äquator, herrscht ein konstant feuchtheißes Klima, das über das ganze Jahr ergiebige Ernten von gleichmäßiger Qualität ermöglicht. Dort, in Kayu Aro, liegt eine der größten Plantagen der Welt, die allein ca. 5000 Tonnen Tee pro Jahr produziert.

In dunkler Farbe und kräftigem Geschmack ähneln indonesische Schwarztees leichteren Assams und werden gern mit diesen zusammen zu Mischungen verarbeitet. Heute wird neben dem traditionellen schwarzen bis zu 60 Prozent grüner Tee erzeugt, vor allem Jasmintee, der vorwiegend im Lande konsumiert wird.

6. Afrika

Afrika, an erster Stelle Kenia, das mehr als 65 Prozent des afrikanischen Tees produziert, hat als wichtigster Lieferant für den britischen Teemarkt das Erbe Chinas, später Indiens und Sri Lankas angetreten, und dafür nicht einmal 100 Jahre gebraucht. Tee wurde hier erstmals 1924 kommerziell angebaut und 1928 nach London exportiert. Kenia ist seit 2004 zum größten Tee-Exporteur der Welt aufgestiegen und hat Sri Lanka überflügelt. Weitere nennenswerte Anbauländer sind Malawi, Kamerun, Burundi, Mosambik, Zimbabwe, Ruanda, Tansania und Uganda.

Kenia erzeugt nicht nur den meisten, sondern auch den besten Tee in Afrika, vor allem im Hochland (1500–2000 m über dem Meeresspiegel) zu beiden Seiten des Great Rift Valley, in Kericho, Nandi, Limuru-Kiambu, Muranga und Meru. Die Lage auf dem Plateau am Äquator mit hoher Niederschlagsmenge lässt ganzjährig er-

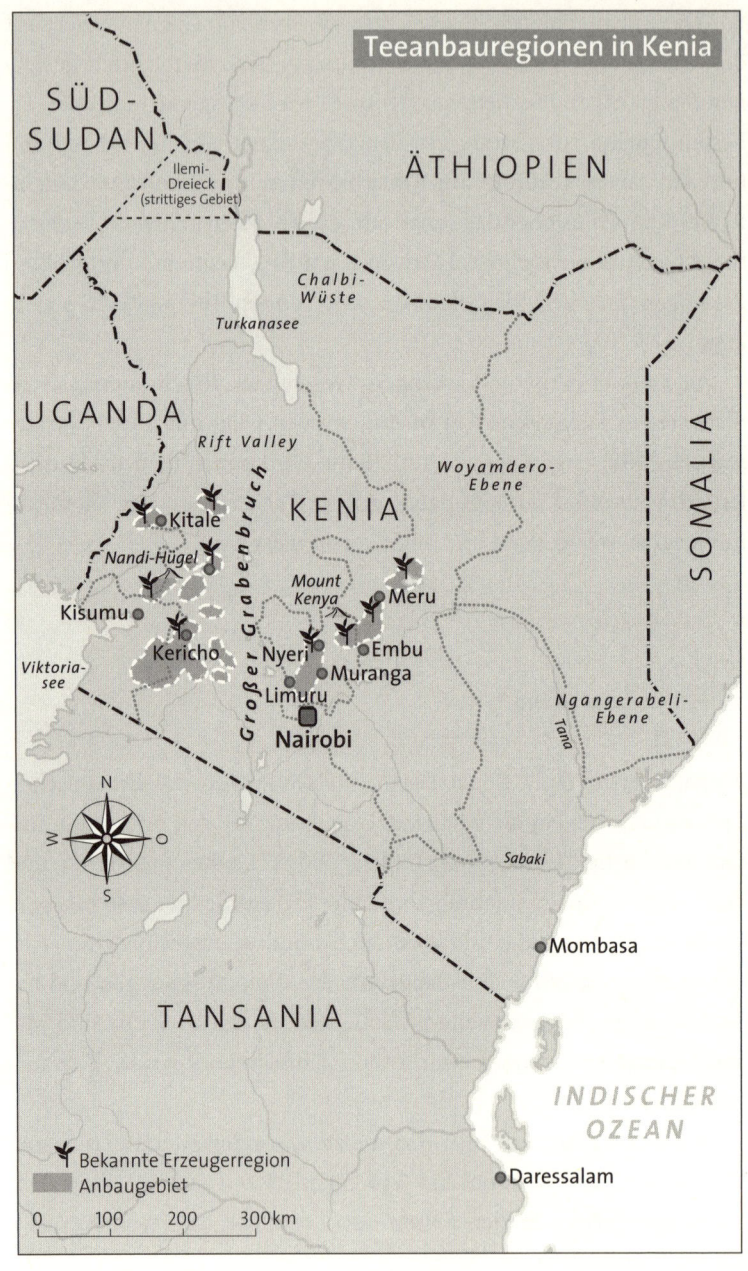

Teeanbauregionen in Kenia

SÜD-
SUDAN
Ilemi-
Dreieck
(strittiges Gebiet)

ÄTHIOPIEN

Chalbi-
Wüste
Turkanasee

UGANDA

Rift Valley

Woyamdero-
Ebene

KENIA

Kitale

Nandi-Hügel

Mount
Kenya   Meru

Kisumu

Kericho   Nyeri   Embu

Viktoria-   Muranga
see   Limuru

Großer Grabenbruch

SOMALIA

Ngangerabeli-
Ebene

Tana

Nairobi

N

W   O

S

Sabaki

Mombasa

TANSANIA

INDISCHER
OZEAN

Bekannte Erzeugerregion
Anbaugebiet

0   100   200   300km

Daressalam

tragreiches Ernten zu, was die Fabriken gleichmäßig auslastet und daher die Produktionskosten senkt. Die besten Qualitäten werden jedoch in der Trockenzeit zwischen Dezember und März erreicht. Die junge, von der Marktmacht der britischen Konzerne initiierte und gesteuerte Teeproduktion erfährt massive Unterstützung durch die kenianische Regierung. Sie verwendet nach neuesten wissenschaftlichen Erkenntnissen und britischem Geschmack auf Ertrag gezüchtete Assam-Hybridpflanzen mit hohem Tanningehalt, Erntemaschinen und rationelle CTC-Verfahren bei der Verarbeitung. Personal, mit einem viel höheren Anteil männlicher Arbeiter als in Asien, ist reichlich und kostengünstig vorhanden. Das meist verarbeitungsfertig für die Teebeutel-Füllmaschinen in Großbritannien ausgelieferte Produkt bedient den Geschmack der breiten Masse der Konsumenten: koffeinreicher, kräftiger, im Aufguss dunkler Tee, der härteres Wasser und den Zusatz von Milch oder Sahne gut verträgt. Neben diesen Durchschnittsprodukten erzeugen einige Gärten in Kenia aber auch durchaus gute, orthodox verarbeitete Gartentees mit feinem Aroma.

Produziert wird fast ausschließlich Schwarztee, als Nischenprodukte auch etwas Grüntee und eine seltene Teevariante, der Purpurtee. Dieser Tee ist relativ neu, etwa seit 2010 auf dem Weltmarkt. Gezüchtet wurde er aus einer genetischen Mutation der Teepflanze, die in Assam und Yunnan entdeckt wurde. Die Purpurfarbe verdankt sie dem hohen Gehalt an Anthocyanidin, einem wasserlöslichen Pflanzenfarbstoff aus der Gruppe der Flavonoide, der in den meisten dunklen Landpflanzen vorkommt. Er zeichnet verantwortlich für die Blaufärbung von Kornblumen, in denen er erstmals 1913 identifiziert wurde (*ánthos*: griech. Blume; *kyáneos*: dunkelblau), dunklen Weintrauben, Heidelbeeren, Pflaumen und vielen anderen Pflanzen. Die Bildung von Anthocyanidinen erfolgt in der Außenhaut der Pflanze durch Absorption des kurzwelligen UV-Sonnenlichts, das eine Schädigung der Zellkerne verursachen kann. Deshalb ist zum Beispiel die Außenhaut der Pflaume blau, zum Kern hin das Fruchtfleisch aber

Pflückmaschine in Kericho, Kenia, 2021

hell gefärbt. Diese Flavonoide binden – in stärkerer Konzentration als in grünen Teeblättern – freie Radikale im Pflanzensaft, die bei oxidativem Stress entstehen.

Da die Teegärten Kenias sehr hoch und direkt am Äquator liegen, bieten sie wegen der starken Sonneneinstrahlung günstige Voraussetzungen für den Anbau von Purpurtee-Setzlingen, die von der Tea Research Foundation of Kenya herangezüchtet und seit 2011 an kleinere Teegärten ausgegeben werden, vornehmlich in den ca. 2000 Meter hohen Nandi-Hügeln nördlich von Kericho County.

IV.

DER LANGE WEG ZUR TASSE: LOGISTIK FÜR DEN TEE

Seit es den Tee gibt, sind sichere Verpackung und Transport Probleme, die im Laufe der langen Handelsgeschichte die unterschiedlichsten Lösungen erfahren haben. Dies gilt vor allem für den internationalen Teehandel. China zum Beispiel ist mehr als 9000 Kilometer Luftlinie von Deutschland entfernt, Kalkutta von Hamburg 7260 Kilometer. Welchen Gefährdungen ein hochempfindliches Transportgut wie Tee ausgesetzt ist, zeigt die Liste von Risikofaktoren der Transportversicherer. Der Blick darauf kann ein bisschen genauer sein, weil er Grundregeln für den Umgang mit Tee zusammenfasst.

1. Feuchtigkeit

Da Tee mit einem Wassergehalt von 3–5 Prozent stark hygroskopisch ist, darf die Luftfeuchtigkeit 65 Prozent bei Lagerung und Transport nicht überschreiten. Wird Tee feucht, entwickeln sich Schimmel und muffiger Geruch – er ist dann nicht mehr verkäuflich. Wird Tee zu trocken (Wassergehalt weniger als 2 %), verflüchtigen sich die ätherischen Öle und er riecht und schmeckt heuartig. Er darf deshalb nicht in der Nähe von Wärmequellen gestaut werden, damit der unbedenkliche Temperaturbereich zwischen 5 und 25 °C nicht verlassen

wird. Tee bleibt auch nach der Schlusstrocknung, die den Respirations-
prozess unterbricht, biotisch aktiv. Daher können durch erhöhte Temperatur und Feuchtigkeit biochemische Prozesse im Sinne einer Nach-
fermentation ausgelöst werden. Laderäume müssen deshalb gut und
geruchsneutral gelüftet sein. Da Tee jeden Fremdgeruch sofort annimmt, darf er nicht mit riechenden Waren zusammen gelagert oder
gepackt werden. In Frachtverträgen findet sich häufig eine «Tee-
klausel» mit einer detaillierten Liste von Stoffen, die nicht in derselben Schotten-Abteilung eines Schiffes oder Flugzeugs wie Tee transportiert werden dürfen.

2. Kontamination

Auch gegenüber Verunreinigungen ist Tee hochempfindlich. Er darf
nicht mit staubenden oder öligen Waren wie Erdnüssen oder Palm-
kernen zusammen gestaut und muss peinlich sauber gehalten werden. Dies gilt auch für die Zeit seiner Lagerung vor dem Transport:
Gerade in tropischem Klima besteht immer die Gefahr von Schädlingsbefall durch Käfer, Schaben, Ratten oder Mäuse.

3. Verpackung

Im Gegensatz zu Rohkaffee oder -kakao wird Tee gebrauchsfertig exportiert und benötigt sorgfältige Ladungspflege. Die beginnt mit der
Verpackung ab Teefabrik. Auch heute noch wird hochwertiger Tee
in den dünnen, handgefertigten Sperrholzkisten mit exotischen Auf-
drucken verpackt, die manchem vielleicht noch von der Möblierung
der ersten eigenen Wohnung in Erinnerung sind. Innen sind sie aro-
maschützend mit Aluminiumfolie und Pergamentpapier ausgekleidet.

Die Kanten sind mit Blech beschlagen, um sie zu stabilisieren und Feuchtigkeit von den Sägekanten fernzuhalten. Das Kistenholz darf einen Wassergehalt von 10–12 Prozent nicht überschreiten; dieser Grenzwert gilt auch für Holz, das in Laderäumen zum Abstützen verwendet wird. Die Standard-Kistengrößen variieren von 40 x 40 x 62 bis 50 x 50 x 75 Zentimeter und fassen zwischen 42 und 58 Kilogramm Tee. Ware aus China wird auch verschickt in verlöteten Weißblechbehältern, die – wie die Holzkisten – oft noch mit Bastmatten oder Gewebe umhüllt sind. Die Kisten sind gut stapelbar und auf die Maße von Containern abgestimmt, damit diese rationell, sicher und lückenlos befüllt werden können. Auch aromafeste Papier- oder Jutesäcke, heute wegen der zunehmenden Holzknappheit in manchen Anbaugebieten verstärkt zum Teetransport eingesetzt, können problemlos im Container verstaut werden.

Die Container müssen wasserdicht und frei von jeglicher Verunreinigung, Feuchtigkeit oder Fremdgeruch sein, und sie müssen unter Deck gestaut werden, um große Temperaturunterschiede oder das Eindringen von Regen- oder Seewasser zu vermeiden. Auch herabtropfendes Schweißwasser, das sich auf Grund von Temperaturdifferenzen entwickelt, und Eisenteile der Bordwand müssen von den Teekisten ferngehalten werden. Dazu werden die Bordwände und Kistendeckel mit Matten und Packpapier verkleidet, im Laderaum wird die Ladung vor direktem Kontakt mit Bodennässe durch Lagerung auf einem Balkengitter und zusätzliche Sicherungsverpackung geschützt. Die dünnen Kisten brechen leicht bei mechanischer Beanspruchung und dürfen deshalb nicht zu hoch gestapelt werden. Das Be- und Entladen erfolgt auf fest verzurrten Paletten, ohne Stauhaken oder Ladenetze.

4. Transport

Standard-Transportmittel für die Langstrecke ist heute das Container-schiff. Die Ozeanriesen sind bis zu 400 Meter lang, ca. 40–50 Meter breit und fassen mehr als 8000 Container. Von Hongkong oder Kal-kutta nach Hamburg ist mit etwa 30 Tagen reiner Fahrzeit zu rech-nen. Wenn vor der Langstrecke mehrere Häfen für Zuladungen ange-laufen werden, kann sich die Transportdauer entsprechend verlängern. Im Normalfall des relativ kostengünstigen Containertransports, eines schnellen Umschlags im Hafen und einer leistungsfähigen Logistik der Tee-Importfirmen und ihrer Dienstleister kann der Tee 9–14 Wo-chen nach Ernte und Verarbeitung in makellosem Zustand in der Tasse des Verbrauchers sein. «Flugtee» kann im optimalen Fall bereits 1–2 Wochen nach der Ernte im Laden gekauft werden. Davon konn-ten frühere Epochen nur träumen.

Wie anfällig die Lieferketten im Container-Seeverkehr sind, hat die Corona-Krise seit 2020 auch für viele Tee-Importeure schmerzhaft deutlich gemacht. Hinzu kam die tagelange Sperrung des Suezkanals durch ein havariertes Containerschiff. Plötzlich fehlten, als die gewal-tige asiatische Exportmaschinerie nach verschiedenen Lockdowns wieder anrollte, Schiffe und Container, die wegen der größeren Pro-fitmargen bei hochwertigen Gütern überwiegend im Warenverkehr zwischen Fernost und Nordamerika eingesetzt wurden. Der Tee-transport nach Europa ist demgegenüber ein Marginalgeschäft, dem eher längere Wartezeiten bei Engpässen zugemutet werden, auch bei festen Lieferzusagen.

Wenn Dienstleistungen knapp sind, steigen die Preise schnell und drastisch. Im Mai 2021 wurden beispielsweise auf der Route Shang-hai–Rotterdam 10 000 US-Dollar für einen Container verlangt – das waren 485 Prozent mehr als im Vorjahr (Zahlen: Handelszeitung, Schweiz, 28. 05. 2021, nach Bloomberg). Der Zwang zur Nachkalku-lation der Kosten im Teehandel führte in vielen Fällen zu einem bösen Erwachen und zu Verunsicherungen bei Importeuren und Verbrauchern. Erfahrungsgemäß bleiben die Preise dauerhaft auf einem höheren Niveau als vor der Krise.

5. Transportgeschichte

Liest man die strengen Anforderungen, die heute zu Recht an den Teetransport gestellt werden, muss es eigentlich verwundern, dass der Tee außerhalb der Erzeugerländer im Laufe der letzten Jahrhunderte so populär wurde. Wirtschaftshistoriker wie Henry Hobhouse zählen ihn – wie Chinarinde, Zucker, Baumwolle oder Kartoffeln – tatsächlich zu den Pflanzen, die «die Menschheit veränderten». Es braucht nicht viel Fantasie, sich vorzustellen, wie es dem sensiblen Produkt ergangen sein muss in Körben und Packtaschen auf dem Rücken eines Elefanten auf dem Dschungelpfad vom Teegarten zum Flussufer des Brahmaputra. Oder auf einem Lastkamel am Rande der Taklamakan-Wüste. Oder auf einem schwitzenden Maultier beim Überqueren der höchsten Gebirgspässe der Welt.

Im vollgepackten Laderaum eines der alten Ostindienfahrer, der dickbäuchigen Handelsschiffe der East India Company oder der niederländischen VOC, dürfte es dem Tee noch schlechter ergangen sein, in der Nachbarschaft zu Gewürzen und anderen riechenden Stoffen. Die Holzschiffe waren fast ein Jahr, bei ungünstigem Wind auch länger mit dem Tee auf den Weltmeeren unterwegs und mussten beim Umrunden Afrikas zweimal den Äquator überqueren. Die Ladung wurde dabei fast zwangsläufig durchnässt, wenn die Segelschiffe bei schwerer See und Sturm in Seitenlage gerieten. Überdies war sie ohne Klimatisierung starken Temperaturschwankungen ausgesetzt. Vielleicht würden wir über einen so transportierten Tee ähnlich urteilen wie Liselotte von der Pfalz, als ihr am Hofe des Sonnenkönigs Ludwig XIV. das Wunderelixier aus dem fernen China serviert wurde: «Thee kombt

Teeträger in Sichuan, Fotografie von Ernest H. Wilson aus dem Jahr 1908

mir vor wie Heu und Mist, mon Dieu, wie kann sowas Bitteres und
Stinkendes erfreuen?»

Vor dem Seetransport muss der Tee von den Gärten der Anbaugebiete zu den Sammelstellen der Händler, von dort zu den Lager-

und Auktionshallen in den Häfen verbracht werden. Bis zur Einführung moderner Transportmittel war diese Zulieferung ein kompliziertes und langwieriges Unterfangen. Was heute Pickup, Lkw und Frachtschiff erledigen, machte früher ein mühsames Umpacken und Umladen nötig. Oft musste auch Zoll oder Maut gezahlt werden.

In China hatte sich durch den Exportboom seit dem 18. Jahrhundert nicht viel geändert. Der Außenhandel blieb bis zum ersten Opiumkrieg beschränkt auf den Hafen von Guangzhou. Kontakt mit westlichen Importeuren und Schiffsbesatzungen war legal nur wenigen Großhändlern gestattet, den Hong-Kaufleuten und ihren Agenten, die genügend Abgaben zahlten und genau kontrolliert wurden. Der Tee wurde aus den Anbaugebieten ganz Chinas über ein System von Groß- und Kleinhändlern zugeliefert. Sie sorgten für den oft monatelangen Transport nach Guangzhou durch Lasttiere, menschliche Träger oder Boote auf dem Perlfluss. Die Hong-Kaufleute wickelten das Exportgeschäft ab und ließen den Tee verpacken in solide Kisten, die für den Schiffstransport mit Blei beschwert und mit Ölpapier geschützt wurden. Auch als Hongkong nach dem ersten Opiumkrieg 1843 Kronkolonie wurde und Fuzhou, das näher an den Teegebieten in Fujian liegt, für den Überseehandel geöffnet werden musste, änderte sich am innerchinesischen Transportsystem wenig.

Der Überseetransport erlebte dagegen einschneidende Veränderungen. Fast bis zum Opiumkrieg besaß die 1600 gegründete East India Company (EIC) praktisch das Monopol für den Chinahandel, nachdem die alten Kolonialmächte Portugal und Niederlande verdrängt und Napoleons Armeen 1815 geschlagen waren. Seit 1609 ließ die EIC ihre eigenen Handelsschiffe, die «East Indiamen», an der Themse bauen. Die riesigen, grundsoliden, gegen Konkurrenten- und Piratenangriffe stark bewaffneten Transportsegler unterschiedlicher Bauart konnten bis zu 1200 Tonnen Fracht befördern. Für die Eigner – es waren Kaufleute – war die Sicherheit von Schiff und möglichst großer Ladung oberstes Gebot. Geschwindigkeit war demgegenüber nicht übermäßig wichtig. Man hatte keine Konkurrenz zu fürchten:

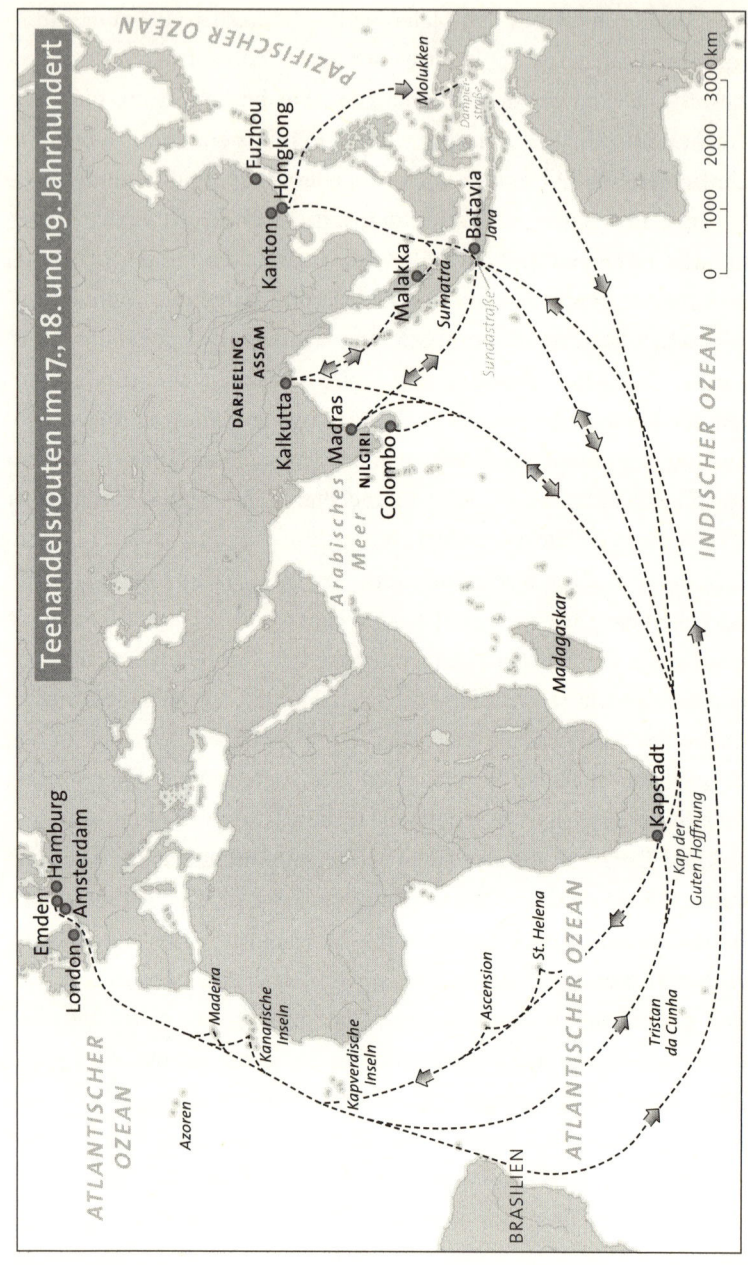

Teehandelsrouten im 17., 18. und 19. Jahrhundert

Güter von und nach Großbritannien mussten nach den seit 1651 mehr-
mals verschärften Navigationsgesetzen auf britischen Schiffen oder
denen des Erzeugerlandes transportiert werden.

Um die Monsunwinde zu nutzen, legten die Ostindienfahrer in
der Regel im Januar in London ab, segelten Richtung Südatlantik entlang der afrikanischen Westküste, um das Kap der Guten Hoffnung
herum, durchquerten nördlich des Äquators den Indischen Ozean,
bogen vor Australien nach Norden in die Sundastraße und das Südchinesische Meer und erreichten, wenn die Reise glatt verlief, im September Guangzhou. Dort nahmen sie die Teefracht auf, verließen den
Hafen, wenn Wind und Wetter günstig waren, vor dem Jahreswechsel
und kamen im folgenden September wieder in London an. In diesem
Normalfall dauerte die Fahrt also fast zwei Jahre; wenn es Komplika-
tionen gab, manchmal viel länger.

Die Profite der EIC, der wohl erfolgreichsten Aktiengesellschaft
der Geschichte, waren enorm – im Handel mit Tee und auch mit Seide
und chinesischem Porzellan, das die Schiffe massenweise als schweren
und seewasserfesten Ballast in den Bilgen nach Europa brachten. Der
Monopolist verfügte über beste Kontakte zur Regierung. Er konnte
Preise und Margen bestimmen, auch in den amerikanischen Kolonien,
in die etwa ein Fünftel des chinesischen Tees re-exportiert wurde. Als
die EIC diese konkurrenzlose Machtstellung jedoch nutzte, um die
Preise für Tee drastisch zu erhöhen, und als Krone und Regierung zusätzliche Steuern einführten, war der Niedergang des Systems absehbar. Fälschung, Verschnitt (teilweise mit getrocknetem Eschenlaub
und Schafsdung, wie sich Thomas Twining in einer Eingabe an das
Parlament beschwerte) und Schmuggel blühten allenthalben: in China,
im Mutterland wie in den amerikanischen Kolonien, die ihren Tee
meist billiger und illegal über die niederländischen Besitzungen in der
Karibik bezogen.

6. Boston Tea Party

Die 340 Kisten Tee, die Bostoner Untertanen im Indianerkostüm am
16. Dezember 1773 von Bord der *Dartmouth* in das Hafenbecken schüt-
teten aus Protest gegen die Steuerpolitik der Kolonialmacht, gehörten jedoch Firmen der East India Company. Der Gang der Ereignisse
nach der folgenreichsten Tea Party der Geschichte ist bekannt: Die in
der Revolte, dann im Unabhängigkeitskrieg vereinigten Staaten wurden von einem Volk von Teetrinkern zu einer freien Nation von Tee-
verweigerern und Kaffeetrinkern. Und in wenigen Jahrzehnten zu
schärfsten Konkurrenten der Briten auf den Weltmeeren.

7. Teeklipper

Die Voraussetzungen dafür hatte die britische Regierung im Zuge
von Handelsliberalisierungen geschaffen: 1813 wurden die Handels-
monopole der East India Company aufgehoben, 1849 die Navigations-
gesetze. Tee konnte nun frei und in jedem britischen Hafen gehandelt
werden. Der Schock für die stolze Seefahrernation von Drake und
Nelson und für die Teekaufleute kam am 3. Dezember 1850. Die amerikanische *Oriental* lief nach nur 97 Tagen Überfahrt mit fast einer
Tonne frischem Tee aus Hongkong in London ein. Der neuartige
Klipper war dreimal so schnell gesegelt wie die alten Ostindienfahrer.
Der Schiffstyp war eine groß dimensionierte Weiterentwicklung
der Baltimore Clipper, kleine, schnelle Postfrachter, die im Unabhängigkeitskrieg als Blockadebrecher gedient hatten. Der Rumpf dieser
Schiffe war stromlinienförmig in die Länge gezogen bis zu einem
Verhältnis von 8:1 zur Breite; bei den East Indiamen war es 3:1 ge-
wesen. Die Masten waren schräg nach hinten geneigt, extrem hoch
und mit riesiger Segelfläche betakelt, der Bug war scharf und sichel-

förmig gebogen zum «Schneiden» der Wellen, das kastellartige Spiegelheck durch das schlanke, aus dem Wasser gehobene Klipperheck ersetzt.

8. Tea Races

Die Briten nahmen die Herausforderung an – mit der geschäftlichen ging nun auch die sportliche Prestige-Konkurrenz einher, und die legendären zwei Jahrzehnte der «Tea Races» brachen an. Wer als Erster mit dem neuen Tee in London einlief, machte das beste Geschäft, und Teehandel war extrem lukrativ. Der erste britische Teeklipper, die *Stornoway*, lief 1850 in Aberdeen vom Stapel. Die in London gebaute *Challenger* gewann 1852 unter dem Jubel der Öffentlichkeit ein Wettrennen aus Fernost gegen einen US-Klipper. Nach 1861 waren die Briten unter sich, weil die amerikanischen Klipper im Bürgerkrieg gebraucht wurden. Oder weil mehr Geld zu verdienen war mit dem schnellen Transport von Goldfieber-Infizierten von der Ostküste nach Kalifornien – oder im menschenverachtenden Sklavenhandel zwischen Westafrika und der Karibik. Im «Great Tea Race» von 1866 legten neun voll beladene Klipper etwa zeitgleich in Fuzhou ab. Nach 99 Tagen und der Umrundung von zwei Dritteln des Globus liefen die *Ariel* und die *Taeping* mit nur 20 Minuten Differenz in London ein.

Wie bei jedem großen Rennen wurden hohe Wetten gewonnen oder verloren, Schlagzeilen geschrieben und die Sieger gefeiert. Snobs luden ein zu Tea Parties mit teurem Klippertee von der *Thermopylae* oder *Lightning*. Die Werften in Liverpool, Newcastle, Glasgow und anderen Schiffbaustädten entwickelten eine neuartige, stabile und leichte Kompositbauweise aus Stahlskelett und Holzverkleidung, die die Klipper noch schneller, ihre Laderäume noch größer machte. In den Augen und Herzen von Segelschiffnostalgikern sind es die schönsten Großsegler, die je die Meere befuhren. Der Weltrekord von

861,18 Kilometern an einem Tag, den die amerikanische *Champion of the Seas* 1854 aufstellte, hielt 130 Jahre.

Die Klipper-Kapitäne, handverlesen aus den besten Seeleuten der Nation, wurden gut bezahlt und durften ein persönliches Kontingent an Waren mitführen. Ruhm und hübsche Preisgelder winkten für die Knochenarbeit durch Tage und Nächte und die ständige Gefahr, die Stürme und Riffe bei der gewaltigen Segelfläche und der Hochgeschwindigkeit bedeuteten. Die Versicherungsprämien bei Lloyd's waren – wie die Risiken des Transports – fast doppelt so hoch wie bei den behäbigen, aber sicheren East Indiamen. Den meisten Boliden des Segelzeitalters war kein langes Leben beschieden, auch weil sie am Limit gesegelt wurden, solange Masten, Rahen und Ruder hielten.

9. Cutty Sark: Die Letzte ihrer Art

Nur der letzte der Teeklipper kann heute noch als Museumsschiff im transparenten Trockendock von Greenwich besichtigt werden, die 1869 im schottischen Dumbarton gebaute *Cutty Sark*. Nach einem Brand 2007 wurde sie mit aller Liebe und Sorgfalt restauriert und 2012 feierlich im Beisein Ihrer Majestät wieder eröffnet – sie ist auch ein Symbol glorreicher Empire-Zeiten. Ihre Traglast betrug 1700 Tonnen, was einer Zuladung von ca. einer Million britischer Pfund Tee entsprach – ein schwimmendes Vermögen. Bei 85,4 Metern Gesamtlänge ragt der Hauptmast 46,3 Meter in den Himmel; die Segelfläche belief sich auf imponierende 3000 Quadratmeter. Was es für die Matrosen bedeuten musste, bei Starkwind und rauer See, die vor dem Kap der Guten Hoffnung nicht selten sind, Segel in mehr als 40 Metern Höhe zu bergen, kann man heute nur noch ahnen. Wenn man die – gegenüber den Fracträumen sehr beengten – Mannschaftsquartiere sieht, überkommt einen Beklemmung angesichts der Strapazen der monatelangen Seereisen. Ein nicht unerheblicher Teil der Besatzungen kam bei den Überfahrten ums Leben; manche nutzten die Gelegenheit auch, um auszuwandern, und kamen nicht nach London zurück.

10. Suezkanal

Das Ende der Klipper-Ära kam ebenso plötzlich wie der Beginn: Als 1869 der Suezkanal eröffnet wurde, verkürzte sich der Seeweg nach Fernost um etwa 3500 Seemeilen. Segelschiffe konnten den Kanal nicht nutzen, und für die neuen, größeren Dampfschiffe gab es nun genügend Kohle-Bunkerstationen am Mittelmeer und auch am Roten Meer. Sie konnten den Fernverkehr nach Indien, Ceylon und Fernost übernehmen, erheblich günstigere Frachtraten und bald auch kürzere Transportzeiten bieten. Der Lebensnerv der East India Company war durchschnitten, die alten Ostindienfahrer waren längst verkauft. 1857 hatten die Sepoys, die indischen Soldaten der EIC, rebelliert. 1858 überführte die britische Regierung nach Niederschlagung des Aufstandes im Government of India Act alle indischen Territorien der EIC als Kronkolonie in Staatsbesitz und trat die Rechtsnachfolge der Aktiengesellschaft an. Am 1. Januar 1874 löste sich die traditionsreiche East India Company auf. Das Industriezeitalter hatte auch im Teehandel begonnen.

11. Eisenbahnen

In den neuen Teeanbaugebieten Indiens und Ceylons konnten die britischen Kolonialherren des Empire die gesamte Logistikkette vom Garten bis zur Londoner Mincing Lane, dem Zentrum des Teehandels, nach aktuellem Stand der Wissenschaft und Technik strategisch planen und realisieren. Der Bau von Verkehrswegen war dafür eine wesentliche Voraussetzung. Die Anlage der Teeplantagen fiel zeitlich zusammen mit dem Ausbau der Eisenbahnen im Zuge der Industriellen Revolution in England und Kontinentaleuropa. Es lag daher nahe, für den Transport von Personen, Kriegsgerät, Truppen und Gütern in den Kolonien das moderne Verkehrsmittel einzusetzen. Nachdem die Produktionszahlen für Plantagentee enorm angestiegen waren, versprachen Bahnstrecken zwischen den Anbaugebieten und den Küstenstädten neben den strategischen auch wirtschaftliche Vorteile.

Die britische Kolonialverwaltung ließ deshalb Schmalspureisenbahnen ins unwegsame Hochland bauen, die zu den kühnsten Ingenieursleistungen des 19. Jahrhunderts gehören. Drei von ihnen sind inzwischen ins Weltkulturerbe der UNESCO aufgenommen. Die zwischen 1879 und 1881 gebaute *Darjeeling Himalayan Railway* führt von Siliguri nach Darjeeling – heute als «Toy Train» eine Touristenattraktion. Die spektakuläre Strecke überwindet auf 86 Kilometern Länge einen Höhenunterschied von über 2000 Metern, laut Fahrplan in sechseinhalb Stunden (indischer Zeit, die ihre eigene Relativitätstheorie regelmäßig bestätigt). Bereits 1871–1878 war die Bahnverbindung von Kalkutta nach Siliguri ausgebaut worden, so dass ab 1881 Tee von Darjeeling zum Seehafen per Zug versandt werden konnte. Heute sind wegen des bedenklichen Zustands der Gleise und der häufigen Erdrutsche in der Regel nur noch Teilstücke nutzbar, vor allem für Touristen.

Die 41,8 Kilometer lange *Nilgiri Mountain Railway*, die südindische Schmalspurbahn von Mettupalayam (350 m) bis Udagamandalam («Ooty», 2300 m), wurde zwischen 1891 und 1908 gebaut. Sie ist mit 208 Kurven, 250 Brücken und Steigungen bis 8,33 Prozent die steilste Strecke Asiens und fährt abschnittsweise als Zahnradbahn. Die Fahrplanzeit von 4,8 Stunden ist sehr optimistisch bemessen.

Auch von Colombo ins Hochland von Sri Lanka wurde eine Eisenbahn gebaut, 1864 zunächst über 54 Kilometer nach Ambepussa, 1867 nach Kandy und 1894 nach Nanu Oya nahe Nuwara Eliya. Die bis heute stark genutzte Küstenstrecke von Colombo nach Galle und

Matara kam 1895 hinzu, so dass der Tee der Südprovinz entweder per
Schiff aus Galle oder per Bahn nach Colombo transportiert werden
konnte. Dort übernahmen dann die immer größeren und schnelleren
Dampf- und später Dieselmotorschiffe die Fracht.

12. *Karawanentee*

Tee erreichte Europa aber nicht nur auf dem Seeweg. Bereits um die
erste Jahrtausendwende bestand ein Netzwerk von Handelswegen
zwischen Yunnan, Tibet, Birma und Bengalen, das als «Ancient Tea
Horse Road» oder auch «Südliche Seidenstraße» bezeichnet wird.
Pferde, Maultiere und menschliche Träger schleppten in Satteltaschen
oder auf Traggestellen schwere Lasten von 60–90 Kilogramm Tee
oder Salz über Hunderte von Kilometern in gebirgigem Gelände. Auf
diesem Wege fanden vor allem Teeziegel und in anderen Formen ge-
presster Tee ihren Weg nach Tibet und in die Mongolei, wo sie noch
heute in Gebrauch sind. Als das Zarenreich sich im 17. Jahrhundert
über Sibirien ausdehnte, gelangte Tee aus China mit Karawanen nach
Moskau und Nischni Nowgorod, auch an die Schwarzmeer- und Ost-
seeküsten. Russland entwickelte seither eine ausgeprägte eigene Teekultur, deckte aber den Großteil seines Bedarfs mit dem erheblich billigeren Tee, den britische Händler auf dem Seeweg nach Mitteleuropa
und, über Königsberg, auch nach Russland und Polen brachten. Der
«Karawanentee» brauchte fast doppelt so lange, bis er im europäischen Russland ankam. Allerdings soll er, weil er auf dem Transport
nicht dem Seewasser ausgesetzt war, meist von besserer Qualität als
der Tee aus dem Überseehandel gewesen sein. Nach Vollendung der
Transsibirischen Eisenbahn (1891–1916) war die Zeit der Karawanen
vorüber, auch für den Teetransport. Der russische Verkehrsminister
S. J. Witte, die treibende Kraft für den Bau der Bahn, hatte den Zaren
Alexander III. mit dem strategischen Argument überzeugt, dass durch

Yak-Karawane beim Teetransport auf der tibetischen Hochebene, um 1920

die Bahn nicht nur Sibirien erschlossen werde. Auch der chinesische Teehandel mit Europa, den England mit dem eigenen Teeanbau in Indien und Ceylon schwer getroffen hatte, sollte neu belebt und für Russland nutzbar gemacht werden.

Als «Russischen Tee» – wie der Karawanentee auch genannt wurde – bezeichnet man heute unterschiedliche Mischungen aus verschiedenen Teesorten, meist Schwarztees mit Raucharoma. Dass der Rauchgeschmack des «Karawanentees» ursprünglich aus den Lagerfeuern der Karawanen stammen soll, an denen er in kalten Nächten gelagert wurde, gehört wohl in den Bereich der romantischen Märchen, die beim Tee gelegentlich erzählt werden.

Die russische Bezeichnung *Tschai* für Tee stammt (wie die indische, türkische oder arabische, die ähnlich gesprochen werden) aus Zentralchina, wo der Landweg der Karawanen begann und wo das Schriftzeichen für Tee im Mandarin «cha» gesprochen wurde. In der Amoy-Aussprache der Gegenden um die südlichen Häfen Chinas lau-

tete dasselbe Zeichen «te», und so wurde es in die Sprachen der See-
händler Westeuropas als *tea* oder *té* bzw. *thé* übernommen – ins Deutsche, wie eingangs erwähnt, laut Grimmschem Wörterbuch mit
ersten Belegen im 18. Jahrhundert, aus dem niederländischen *Thee*.

V.

SAFETY FIRST:
QUALITÄTSKONTROLLEN
UND STANDARDISIERUNG

Der Blick in die Vergangenheit hat gezeigt, dass sich die Anforderungen an die Qualität des Tees so drastisch erhöht haben, dass selbst der Transport bis in Einzelheiten reguliert ist, damit die hochempfindliche Ware nicht verunreinigt oder im Aroma beeinträchtigt wird. Heute wird die einwandfreie Beschaffenheit des gehandelten Tees durch eine vielgliedrige Kette von Kontrollen sichergestellt. Die beginnt unmittelbar nach der Trocknung in der Fabrik mit einer ersten Qualitätsprüfung durch eigene Teeprüfer, die Teetester (*tea taster*).

1. Tea Tasting

Bei Tees für den Export ist das Verfahren der Teeprüfung weltweit standardisiert, ebenso wie die Utensilien: ein spezieller, geschmacksneutraler, weißer Porzellanbecher mit gezahntem Rand als Schüttöffnung und mit Deckel (Inhalt ca. 0,1 Liter); ein henkelloses Trinkschälchen gleicher Größe; ein Löffel; eine Handwaage; ein Gewicht von 2,86 Gramm (entspricht einer alten britischen Sixpence-Münze).

Diese Menge Tee wird genau abgewogen und mit kochendem

Teeverkostung in Kolkata mit Ashok Lohia (l.) und Ajay Kichlu, 2022

Wasser bis zum Rand im Probierbecher aufgegossen, der dann mit dem Deckel verschlossen wird. Die Ziehzeit beträgt einheitlich für alle Tees 5 Minuten. Danach wird der Tee bei geschlossenem Deckel durch die Schüttöffnung abgegossen. Die nassen Teeblätter (die sogenannte Infusion) bleiben auf dem Deckel liegen, der umgekehrt auf den Probierbecher gelegt wird für die Sicht- und Geruchsprüfung. Um Vergleichbarkeit zu gewährleisten, ist dieses Verfahren bei allen Teesorten identisch, auch wenn kochendes Wasser und 5 Minuten Ziehzeit für den Geschmack mancher weißer oder grüner Teesorten wirklich nicht vorteilhaft sind. Das Probierzimmer sollte Tageslicht aus Norden haben, damit die Farbunterschiede der Aufgüsse nicht durch unterschiedliche Sonnenstände beeinflusst werden.

Ist der Tee abgelaufen in die Probierschale, beginnt die Geschmacksprüfung des Aufgusses: Der Tester greift zum Löffel, schlürft einen Schluck Tee und bewegt ihn unter beträchtlicher Geräuschentwicklung, Lufteinsaugen, Backenspülen und Kauen im Mund. Unter dieser Luftzufuhr und Bewegung offenbart der Tee den geschulten

Geschmacksknospen in Sekundenschnelle seine Stärken und Schwächen. Dann wird er ausgespuckt in den Spucknapf (*spittoon*) von imponierenden Dimensionen – der muss in der Saison bis zu 400 Proben oder mehr aufnehmen, die ein Teeverkoster pro Tag absolviert.

Beurteilt werden bei jedem Tee das trockene Blatt, die Infusion und der Aufguss. Erscheinungsbild (Freiheit von Stängeln oder Sand; Gleichmäßigkeit von Blattgröße, Form und Konsistenz der Blätter; Farbe vor und nach dem Aufguss usw.), Geruch (duftig, zart; harzig, muffelig), Farbe (klar, strahlend; dumpf) und Geschmack sind die Kriterien bei der Beurteilung. Zur möglichst präzisen und einheitlichen Beschreibung der Eindrücke hat sich eine spezifische englische Terminologie bei den Teeprüfern weltweit eingebürgert, die Vergleichbarkeit herstellen soll – ihr Urteil ist am Ende die Basis für die positive oder negative Kaufentscheidung im Teehandel. Die Ausbildung für diese verantwortungsvolle Tätigkeit dauert fünf Jahre; allerdings ist in der Praxis das lebenslange Lernen die Regel. Einer der besten und erfahrensten Teetester Deutschlands drehte bei unserem Besuch am Probiertisch den Kopf kurz weg vom Löffel in unsere Richtung: «Eigentlich bin ich so'n richtiges Tee-Trüffelschwein.» Recht hat er, seine Nase und Geschmacksknospen erscheinen fast übermenschlich verfeinert. Aber er hat es besser als sein tierisches Pendant: Er darf die besten Tees auch trinken. Und ihm droht im Falle des Versagens auch nicht die Schlachtung.

2. *Auktionen*

Fällt die erste Prüfung des Tees in der Fabrik positiv aus, wird die betreffende Partie entweder, falls ein Liefervertrag abgeschlossen wurde, im Direktversand an den Importeur geschickt. Oder sie wird bei den großen Tee-Auktionen versteigert, meist im nächstgelegenen Überseehafen wie Mombasa, Colombo oder Kolkata. Die Makler (*broker*) der Teehandelshäuser bieten dann auf die besten Partien der jeweiligen Ernte.

Auch die Makler unterziehen die einzelnen Partien einer eingehenden Prüfung und Verkostung, um Qualität und Preis einschätzen zu können. Die Auktion selbst findet immer häufiger über Internetplattformen statt. Deshalb und wegen der wachsenden Bedeutung der Direktvereinbarungen zwischen Erzeugern und Großimporteuren nimmt der Stellenwert der Auktionen im internationalen Teehandel ab – nicht nur in Europa, sondern auch in den Erzeugerländern.

Der Niedergang der ehrwürdigen London Tea Auction liefert dafür ein anschauliches Beispiel. Die erste Londoner Auktion wurde 1679 abgehalten im East India House in der Leadenhall Street, dem Sitz der East India Company. Ihr Erfolg führte zur vierteljährlichen Wiederholung. Der Tee wurde dabei «nach der Kerze» versteigert, um endloses Gefeilsche zu verhindern: Zu Beginn der Versteigerung wurde eine Kerze angezündet; wenn ein Zoll der Kerze abgebrannt war, fiel der Hammer und die Auktion war beendet. Nach 1834, als London zum Weltzentrum des Teehandels aufgestiegen war, die EIC aber ihr Monopol verloren hatte, übersiedelte die London Tea Auction in die Mincing Lane. Sie fand nun wöchentlich statt und machte die Lane zur «Straße des Tees». Noch in den 1950er Jahren wurde dort ein Drittel des europäischen Handelsvolumens in Tee abgewickelt von den Dutzenden von Maklern und Teehändlern, die ihre Büros in der Mincing Lane oder in unmittelbarer Nachbarschaft hatten. Nach ihrer Unabhängigkeit zogen es die Teeproduzenten in Indien, Sri Lanka und Kenia aber allmählich vor, auf die teure und zeitaufwändige Verschiffung ihres Tees nach London zu verzichten. Am 29. Juni 1998 kam der letzte Tee auf der London Tea Auction unter den Hammer. Anwesend waren nur noch zwei Agenten.

3. Lieferkontrollen und Mischungen

Auch bei einer direkten Liefervereinbarung zwischen Produzenten und Händlern sind Teeprüfer mehrfach in Aktion: Die direkt nach der Verarbeitung gezogenen Proben, die in der Saison zu Hunderten täglich per Luftfracht beim Importeur eintreffen, müssen auf ihre Qualität geprüft werden. Denn nicht nur sortenreine Tees kommen in den Verkauf, sondern auch spezielle Mischungen, die der Teetester oft aus Dutzenden von einzelnen Teesorten zusammenstellt. Ziel dabei ist es, immer einen bestimmten Geschmacksstandard zu treffen, der als «Marke» – manchmal auch mit Copyright-geschütztem Namen – von der Kundschaft erwartet und gekauft wird. Wie Wein fällt das Naturprodukt Tee immer anders aus, abhängig von Anbaugebiet, Wetter, Erntezeitpunkt und Verarbeitung. Das Mischen ist daher eine ständige, sehr anspruchsvolle Aufgabe, die viel Erfahrung und Feingefühl erfordert.

Sind die einzelnen Tees für eine Mischung ausgewählt, stellt der Teetester das genaue Verhältnis zusammen, in dem sie in den großen Mischtrommeln vermengt und anschließend aromafest in Tüten oder Dosen der jeweiligen Marke abgepackt werden. Das Zusammenstellen der eigenen Mischungen zu einem jeweils «ausgewogenen Genusskunstwerk» gleicht der Abstimmung verschiedener Instrumente im Orchester. Der schöne Vergleich stammt von Franz Thiele, einem Urgestein ostfriesischer Teekultur in der dritten Generation. Er ist in Personalunion erster Teetester und Inhaber des Emder Familienunternehmens, das seit 1873 sein ganzes (beträchtliches) Können daran setzt, die ebenso treuen wie anspruchsvollen Kunden zufrieden zu stellen: «Wir verbürgen uns persönlich für höchste Qualität – also haben wir sie auch zu liefern.» So reden und handeln ehrbare Kaufleute in Sachen Tee, nicht nur in Hansestädten – hoffentlich keine aussterbende Spezies.

4. Teelabor: Finden, was man nicht sieht

Die Sicht-, Geruchs- und Geschmacksprüfung des fertigen Tees
durch erfahrene und geschulte Tester ist wohl so alt wie der Tee
selbst und im Lauf der Handelsgeschichte nur verfeinert und standardisiert worden. Relativ jung hingegen ist die wissenschaftlich-analy-
tische Prüfung im Teelabor, die für heutige Ansprüche der Kundinnen und Kunden an Reinheit und Qualität unerlässlich ist. Wegen
der hohen Kosten unterhalten nur die Großen der Branche eigene
Labors. Andere Teehändler beauftragen externe Labors mit der Prüfung des Tees.

Das Labor beurteilt den Zustand des Tees nach den Branchen-
standards, die vom European Tea Committee und dem Deutschen
Tee & Kräutertee Verband festgesetzt sind in den «Guidance notes for
tea producers and processors in the country of origin». Die zulässigen
Höchstwerte, auch für den täglichen Verbrauch auf Dauer (ADI, Ac-
ceptable Daily Intake), sind jeweils gesetzlich geregelt, zum Beispiel in
der Rückstandshöchstmengen-Verordnung des Bundesamtes für Verbraucherschutz und Lebensmittelsicherheit. Basis dieser Verordnung
sind die kritischen Analysen des Bundesinstituts für Risikobewertung
(BfR) in Berlin.

5. Pyrrolizidinalkaloide

Ein Beispiel für unerwünschte oder gefährliche Schadstoffe im Tee
sind Pyrrolizidinalkaloide (PA), die in höherer Konzentration und bei
Dauerkonsum leberschädigend und krebserregend sein können. Es
handelt sich um Pflanzenstoffe, die in vielen Pflanzenarten, auch in
Tee und Kräutertee, weltweit und in unterschiedlicher Konzentration
vorkommen zur Abwehr von Fressfeinden. Vor allem 1,2-ungesättigte

Teepflanzen: grüner Thee
und rother Thee, *Herbarium
Blackwellianum*
von Elizabeth Blackwell, 1760

Am Welktisch in Darjeeling (v. l.):
Günter Faltin, Rajah Banerjee und Thomas Räuchle

Teepflanze camellia sinensis *mit Blüten*

Beverly Wainwright und Amba-Team an der Mini-Rollmaschine, 2014

Professionelle Teeverkostung: Geschirr, Sorten und Farben

Darjeeling Himalayan Railway, 2016

Teeproduktion in China, Künstler in Guangzhou, um 1800

Rückkehr einer niederländischen Ostindien-Expedition 1599 nach Amsterdam,
Andries van Eertvelt, 1. Hälfte 17. Jh.

Die Klipper Ariel *und* Taeping *im Great Tea Race von 1866,*
Jack Spurling, 1926

Teehaus in Nanjing, 2007

Tragbares Teeschränkchen, verziert mit Kirschbaum-Lackmalerei, Japan,
1. Hälfte 17. Jh.

Bodhidharma, Porzellan, Provinz Fujian, 17. Jh., Ming-Zeit

Junges Liebespaar bei der Teebereitung, Katsukawa Shunshō, Farbholzschnitt, Japan, ca. 1770

Teemeister Sōkei Kimura bei der Teezeremonie zur Einweihung des Teehauses im Humboldt Forum Berlin, 2021

Teedose, Josiah Wedgwood & Söhne, 1795–1780

Afternoon Tea, The Ritz Club, The Ritz London, 2022

PA haben sich in Tierversuchen als erbgutschädigend und krebserregend erwiesen. Sie werden daher als bedenklich eingestuft und sind in Lebens- und Futtermitteln unerwünscht. Das BfR untersuchte 2013 im Rahmen eines Forschungsprojekts eine Reihe von handelsüblichen Tees und Kräutertees und stellte in vielen Proben unerwartet hohe PA-Gehalte fest (0–3,4 mg pro Kilogramm Trockenprodukt), vor allem in einigen Kamillen- und Fencheltees. Da diese Tees oft auch von Kleinkindern und Schwangeren getrunken werden, wurde der Befund der BfA von Teilen der Presse zu allgemeinen Alarmmeldungen und Warnungen vor Teekonsum aufgebauscht, obwohl zum Beispiel Schwarztees gar nicht betroffen waren. Teehändler und Verbraucher zeigten sich verunsichert und der Teekonsum ging zurück. Für die Produzenten war dies Anlass, alle Stufen der Lieferketten einer erneuten, genaueren Detailprüfung zu unterwerfen. Vermutet wird als Ursache eine Beimengung von Wildkräutern mit hohem PA-Gehalt, die leicht mit Kamille zu verwechseln sind. So zeigten sich bei einer Kräutertee-Untersuchung der Stiftung Warentest auch 2017 noch hohe PA-Gehalte speziell in Kamillentees. Bei den laufenden Laboruntersuchungen erfahren sie deshalb besonderes Monitoring, damit der zulässige Höchstwert nicht überschritten wird.

6. Pestizide

Die im konventionellen Teeanbau verbreitet eingesetzten chemischen Mittel zur Bekämpfung von Schädlingen und Unkräutern dürfen im fertigen Produkt bestimmte Höchstmengen nicht überschreiten, die von der EU festgesetzt sind. Im neuesten Testbericht der Stiftung Warentest zu schwarzem und grünem Tee aus dem Jahre 2021 erreichte nur ein Schwarztee fast die Obergrenze an Pestizidbelastung, ein Grüntee lag darüber. Die anderen blieben zum Teil weit darunter. Gefahr für die Gesundheit bestand in keinem Fall.

7. Anthrachinon

Auch Anthrachinone sind sekundäre Pflanzenstoffe, die Herbivoren abwehren sollen. Sie kommen besonders bei einigen intensiv gefärbten Pilzen, Schimmelpilzen und Samenpflanzen wie Knöterichgewächsen, Sennesblättern und Faulbaumrinde in der Natur vor. Sie können auch bei unvollständigen Verbrennungsprozessen entstehen, zum Beispiel wenn bei der Trocknung der Teeblätter Kohle verwendet wird.

In der Medizin werden Extrakte aus pflanzlichen Anthrachinonen als Abführmittel eingesetzt. Synthetische Anthrachinone werden als Farbstoffe zum Beispiel in der Papierproduktion oder bei der Wasserstoffperoxid-Herstellung verwendet. Der Stoff wurde in Tierversuchen als krebserregend nachgewiesen. Er darf nach einer EU-Verordnung von 2013 deshalb nicht mehr für Papiere mit Lebensmittelkontakt verwendet werden. Auch als Pflanzenschutzmittel ist er in der EU nicht zugelassen.

Als im Rahmen des erwähnten Forschungsprojekts des BfR 2013 und bei einer Testreihe der Stiftung Warentest 2014 neben den PA-Gehalten auch erhöhte Anthrachinon-Gehalte (bis zu 20 Mikrogramm pro Kilogramm) in allen 27 untersuchten Schwarztees aus Darjeeling, Assam und Sri Lanka festgestellt wurden, löste dies Artikel in der Presse aus, die vor «Pestizidbelastung» warnten (u. a. Handelsblatt, 28. 10. 2014). Gemeinsam mit ihren indischen Produzenten gab daraufhin die Potsdamer Teekampagne eine Untersuchung in Auftrag, die im Ergebnis – auch gegenüber den EU-Behörden – feststellte, dass die Anthrachinon-Belastung nicht auf Pestizideinsatz, sondern auf Kontaminationen zurückzuführen war. Sämtliche Glieder der Lieferkette wurden daraufhin akribisch untersucht, denn Verunreinigungen können überall bei der Produktion, der Verpackung und bei Lagerung und Transport entstehen. Die Teegärten wurden angehalten, die Verbrennung von Kohle bei der Trocknung einzustellen und Kontaminationen bei der Verpackung strikt zu vermeiden. Mit Erfolg: Bei der jüngsten Testreihe der Stiftung im Jahre 2021 wurden – außer bei einem Grüntee – keine bedenklichen Anthrachinon-Werte mehr festgestellt. Gefahr für Verbraucher bestand übrigens auch 2013/14 nicht: Eine krebserregende Wirkung von Anthrachinon auf den menschlichen Organismus ist medizinisch nicht zweifelsfrei nachgewiesen und bei der festgestellten geringen Konzentration ohnehin auszuschließen. Überdies geht die Substanz beim Aufguss nur zu höchstens einem Drittel ins Getränk über – ein wesentlicher Unterschied zu den Pyrrolizidinalkaloiden, die sich vollständig gelöst im Getränk wiederfinden.

8. Andere Schadstoffe

Gar nicht im aufgegossenen Getränk gelöst werden polyzyklische aromatische Kohlenwasserstoffe (PAK) und Mineralölbestandteile, die aus Maschinenölen, bedruckten Kartonagen oder Autoabgasen und anderen Umweltbelastungen in den trockenen Tee übergehen können und dann im Labor festgestellt werden. Beide Substanzen gelten als krebserregend. Wenn allerdings Grünteepulver zu Matcha verrührt oder aufgeschlagen wird, werden alle Schadstoffe – neben den gesunden Polyphenolen – mitgetrunken.

Generell muss bei der Einschätzung von Laborbefunden berücksichtigt werden, dass heutige hochempfindliche Analyseverfahren auch minimale Verunreinigungen oder Schadstoffe in Lebensmitteln nachweisen, wie die berüchtigte Tasse Glyphosat im Bodensee. Diese bleiben praktisch ohne schädigende Wirkung, und mit ihnen lebt die Menschheit seit Jahrtausenden – im Unterschied zu den alltäglichen Umweltbelastungen der Luft und des Wassers, die seit der Industrialisierung in bedrohlicher Weise zunehmen.

9. Testketten

Im Teelabor geprüft wird die jeweilige Probe auf Verunreinigungen, Beschädigungen und mangelhafte mikrobiologische Beschaffenheit ebenso wie auf Rückstände von Pflanzenschutzmitteln. Zusammensetzung, Aussehen und Verpackung werden mitbewertet. Bestehen Liefervereinbarungen, wird der Tee mehrfach geprüft, um die Qualität zu sichern: Wenn nach der ersten optisch-sensorischen Prüfung durch den Teetester der Auftrag erteilt ist, sendet der Produzent Verschiffungsmuster der konkreten Partie. Erst bei positivem Prüfungsergebnis kommt die Ware zur Verschiffung. Im Eingangshafen werden dann noch einmal Muster gezogen und geprüft, um sicherzustellen, dass die gelieferte Ware identisch ist mit dem Verschiffungsmuster.

Eine letzte Prüfung und analytische Kontrolle im Labor erfolgt nach dem Wareneingang beim Teehändler und vor der Weiterverarbeitung. Auch nach der Verarbeitung und Verpackung des Tees für den Verkauf wird von qualitätsbewussten Firmen noch eine interne Endproduktkontrolle durchgeführt. Auf jeder der Stufen wird mangelhafte Qualität reklamiert. Ergebnis dieser Prüfungs- und Qualitätssicherungskette des Teehandels nach europäischem und deutschem Recht ist eines der sichersten Lebensmittel der Welt: Der Tee, der auf seiner Verpackung nach Lebensmittel-Kennzeichnungsverordnung die Verkehrsbezeichnung, Hersteller, Zutaten, Mindesthaltbarkeitsdatum, Loskennzeichnung zur Rückverfolgbarkeit und natürlich die Mengenangabe zu enthalten hat.

VI.

TEE UND GESUNDHEIT

1. Was ist drin? Inhaltsstoffe im Tee

Im trockenen Zustand enthält Tee vor allem Ballaststoffe (55,4 g bei 100 g Tee) und Eiweiß (26,4 g), außerdem Fett (5,2 g), gesättigte Fettsäuren (1,0 g), Kohlenhydrate (0,8 g), Calcium (302 mg), Eisen (17,2 mg), Natrium (6,0 mg), Magnesium, Fluorid und geringe Mengen von Vitaminen. 100 Gramm trockener Tee haben einen Energiegehalt von 156,5 Kilokalorien und 0,1 Broteinheiten. Entscheidend ist aber, wie viel davon jeweils beim Aufguss in das Getränk übergeht, und darin finden sich lediglich Calcium (8,0 mg), Natrium (1,0 mg) und 0,1 Gramm Eiweiß wieder: also weder Kohlenhydrate noch Fett noch Broteinheiten.

Wichtiger sind die sogenannten sekundären Pflanzenstoffe im Tee: Substanzen, die für die Pflanze nicht lebensnotwendig sind, die sie aber bildet, um sich vor Fressfeinden, Krankheiten und Lichtschäden zu schützen oder – in Form von auffallenden Farb- und Geruchsstoffen – um Bestäuber anzuziehen und die Fortpflanzung zu sichern. In erster Linie sind das beim Tee phenolische Verbindungen, vor allem Polyphenole wie die Flavonoide und Catechine. Sie machen 25–35 Prozent der Tee-Trockenmasse aus. Das Alkaloid Koffein (3–6 %) und Aminosäuren wie das Theanin (3 %) sind weitere wichtige Bestandteile. Nur in Schwarztee finden sich die farb- und aromagebenden

Theaflavine (0,3–1 %) und Thearubigine (9–19 %), die durch die Umwandlung eines Teils der Catechine während der Oxidation entstehen. Entscheidend für die Wirkung ist auch hier, wie viel jeweils von der Trockensubstanz in den Aufguss übergeht. Bei den Polyphenolen ist dieser Anteil mit ca. 30 Prozent recht hoch – der genaue Prozentsatz hängt ab von den Extraktionsbedingungen (Blattgröße, Temperatur, Ziehzeit). Sowohl das Koffein wie auch die Catechine sind bereits nach 2 Minuten Ziehzeit fast vollständig in den Aufguss übergegangen. Lässt man Tee länger ziehen, wird er bei manchen Teesorten bitter, weil sich dann verstärkt Gerbstoffe lösen.

2. Wirksubstanzen

Seit es den Tee gibt, werden ihm wohltuende und gesundheitsfördernde Wirkungen auf den menschlichen Organismus zugeschrieben. Im alten China wurde er als Arzneimittel eingesetzt. Auch in Europa stand er seit 1650 in den Apothekerverordnungen, obwohl man wenig über seine Wirkungen wusste. Dank Lebensmittelchemie und Medizin kennen wir heute viele beobachtete Effekte der Tee-Inhaltsstoffe genauer. Dennoch bleiben bis zu stichhaltigen Nachweisen viele Einzelheiten der Wirkungszusammenhänge fraglich: Zahlreiche Hinweise und Vermutungen stammen aus Reagenzglas- und Tierversuchen mit isolierten Substanzen, die in überhöhter Dosis untersucht wurden. Das komplizierte Wechselspiel im menschlichen Organismus ist bisher nur für wenige Inhaltsstoffe des grünen Tees, noch weniger des schwarzen Tees, hinreichend wissenschaftlich geklärt.

3. Koffein

Das gilt selbst für das relativ gut erforschte Koffein. Tee wirkt – wie Kaffee – in mäßiger Dosierung anregend dank seines Koffeins. Der Koffeingehalt der Teeblätter variiert zwischen 3 und 6 Prozent. Kaffeebohnen enthalten nur 1–2 Prozent Koffein. Da für das Aufbrühen des Getränks jedoch viel mehr Kaffeepulver als Tee verwendet wird, enthält eine Tasse Kaffee etwa doppelt so viel Koffein wie eine Tasse Tee. Der Koffeingehalt der Teeblätter hängt ab von der Teesorte und der Pflückung. Schattentees zum Beispiel enthalten viel Koffein, ebenso die Knospen und Blattspitzen. Klima, Verarbeitung und – beim Getränk – Teemenge und Ziehzeit beeinflussen ebenfalls den Koffeingehalt.

Koffein, ein Purin-Alkaloid, regt das Zentralnervensystem an und lässt Blutdruck und Körpertemperatur ansteigen als Folgen beschleunigter Herztätigkeit und Atmung. Koffein erweitert die Koronar- und Nierengefäße und fördert deren Durchblutung. Was schon die Mönche beim Meditieren beobachteten, bestätigt sich: Müdigkeit verfliegt, Konzentrationsfähigkeit und Wärmegefühl nehmen zu, Antrieb und Stimmung verbessern sich. Heute wissen wir, dass diese Wirkungen des Koffeins im Zentralnervensystem hervorgerufen werden, indem die Substanz auf molekularer Ebene in verschiedene Zellvorgänge eingreift. Die Nervenzellen sind im Wachzustand ständig aktiv, tauschen Botenstoffe aus, verbrauchen dabei Energie und erzeugen den Neuromodulator Adenosin, der die Hirnzellen vor Überanstrengung schützt. Adenosin setzt sich auf bestimmte Rezeptoren der Nervenbahnen und sendet Signale an die Zellen, ihre Aktivität zu reduzieren. Wenn immer mehr Nervenzellen durch Adenosin blockiert werden, stellt sich Schlafbedürfnis ein.

In diesen Wirkungszusammenhang greift Koffein ein. Es ähnelt dem Adenosin chemisch und es besetzt als sogenannter Antagonist dieselben Rezeptoren. Damit entfaltet es zwar selbst keine Wirkung, verhindert jedoch das Andocken von Adenosin und schwächt so dessen Beruhigungseffekte auf die Zellen ab: Die Zellen bleiben aktiv und halten das Bewusstsein wach und konzentriert. Bei Dauerkonsum von Koffein verändert sich diese Wirkung. Die Nervenzellen bilden dann mehr Rezeptoren, so dass auch Adenosin andocken und seine verlangsamende Wirkung auf die Aktivität der Zellen entfalten kann. Der Organismus hat dann Toleranz gegenüber dem Koffein entwickelt. Diese Gewöhnung führt jedoch auch bei starken Tee- oder Kaffeetrinkerinnen und -trinkern nicht zu Abhängigkeit und typischem Suchtverhalten. Allenfalls zeigen sich vorübergehende Entzugserscheinungen wie Kopfschmerzen oder Übelkeit, wenn die Koffeinzufuhr ausbleibt. Als ich bei einer Ayurveda-Kur in Sri Lanka plötzlich vollständig auf Kräutertee umstellen musste, waren die Kopfschmerzen zwei Tage lang unerträglich. Eine Tasse Ceylon-Tee pro Tag wurde daraufhin ärztlich genehmigt und löste das Problem. Meine Frau zeigte keinerlei Entzugssymptome.

Das Koffein in Kaffee und Tee ist chemisch identisch, in fester Form ist es ein weißes, bitter schmeckendes Pulver. Die früher übliche Bezeichnung «Tein» oder «Thein» für das Koffein im Tee wird heute noch gelegentlich verwendet, um eine vom Kaffee unterscheidbare Wirkung des Tees auf den menschlichen Organismus herauszuheben. Ob Koffein im Tee tatsächlich anders wirkt als im Kaffee, ist in der Forschung umstritten. Eine verbreitete Theorie geht davon aus, dass Koffein in Tee an Aminosäuren und Polyphenole gebunden ist und seine Wirkung entfaltet über das vegetative Nervensystem und in Wechselwirkung zu dem eher beruhigenden Theanin. Deshalb wird es womöglich nur teilweise und verzögert im Körper freigesetzt und regt sanfter und länger an. In Kaffee ist Koffein an Chlorogensäure gebunden, gelangt über die Blutbahn zur Nebennierenrinde und fördert innerhalb kurzer Zeit die Freisetzung des Stresshormons Adrenalin. Dessen anregende Wirkung führt zur Ausschüttung des Anti-Stress-Hormons Noradrenalin, das die Adrenalinwirkung bald wieder dämpft.

Diese Theorie einer grundsätzlich unterschiedlichen Wirkungs-
weise von Koffein in Kaffee und Tee wird von anderen Forschern be-
stritten. Sie haben in Versuchen nachgewiesen, dass nach 30 Minuten
derselbe Koffeingehalt im Blut von Probanden anzutreffen war, wenn
sie zwei Tassen Tee oder eine Tasse Kaffee getrunken, also dieselbe
Menge Koffein zu sich genommen hatten. Ein Forscherteam um Professor Landolt an der Universität Zürich, das sich seit längerem mit
der Wirkung von Koffein auf den menschlichen Organismus beschäftigt, kommt neuerdings noch zu einem anderen interessanten Ergebnis, das verallgemeinernde Aussagen erschwert: Da bei einem signifi-
kanten Anteil von 8 Prozent der Probanden einer Versuchsgruppe
keinerlei stimulierende Wirkung von Koffein festgestellt werden
konnte, ist davon auszugehen, dass bei ihnen genetische Veränderungen der Adenosin-Rezeptoren vorliegen. Bei anderen Probanden wurden durch das verabreichte Koffein panikartige Angstreaktionen ausgelöst. Auch Körpergewicht und Rauchen beeinflussen neben der
Gewöhnungstoleranz im Einzelfall die Reaktion auf das Koffein.

Dieser Stand der Diskussion legt nahe, dass man am besten daran
tut, die Wirkung von Tee oder Kaffee auf den eigenen Körper selbst
zu erproben, und dann je nach Geschmack und Situation zu entscheiden. Besondere Vorsicht ist dabei nicht geboten. Koffein ist zwar ein
Nervengift, wirkt aber beim Menschen erst ab einer Menge von zehn
Gramm tödlich – das entspricht etwa 100 Tassen Kaffee oder 200 Tassen Tee. In haushaltsüblicher Dosierung beim Teegenuss entfaltet
Koffein eher die positiven Wirkungen eines Arzneistoffs: In der
Schmerztherapie zum Beispiel wird es in manchen Präparaten kombi-
niert mit Paracetamol oder Acetylsalicylsäure, um deren Effektivität
zu verstärken.

4. Mineralstoffe

Als gesichert gilt, dass Tee durch seinen hohen Fluoridgehalt (0,5–0,9 mg/l bei grünem Tee, 0,5–2,2 mg/l bei schwarzem Tee) zur Kariesprävention beitragen kann. Für einen wirksamen Schutz der Zähne vor dem Säureangriff durch Zersetzungsprodukte von Zucker in der Mundflora sollten täglich 1–4 Milligramm Fluorid aufgenommen werden. Wegen seiner kariespräventiven Wirksamkeit findet sich dieser Mineralstoff in den meisten Zahncremes. Es gibt jedoch nur wenige Lebensmittel mit vergleichbar hohem Fluoridgehalt wie Tee. Teekonsum verstärkt also durchaus die Wirkung der mechanischen Reinigung durch Zähneputzen, die natürlich notwendig bleibt.

5. Sekundäre Pflanzenstoffe

Im Blickfeld wissenschaftlicher Untersuchungen zu den Wirkstoffen des Tees stehen derzeit vor allem die Polyphenole, besonders die Flavonoide, an denen Tee reich ist, und innerhalb dieser Stoffgruppe die Catechine. Kondensierte Catechine, manchmal ungenau als Gerbstoffe bezeichnet, tragen entscheidend zum Teearoma bei. Sie haben aber auch eine starke antioxidative Wirkung. Besonders dem Epigallocatechingallat (EGCG) wird zugeschrieben, dass es sogenannte «freie Radikale» abfängt: Das sind kurzlebige Molekülfragmente, die in Zellen bei Stoffwechselprozessen aus molekularem Sauerstoff entstehen und neue oxidative Bindungen eingehen. Dabei schädigen sie andere Moleküle, die für die Zellfunktion wichtig sind, wie die DNA, die RNA und eine Reihe von Proteinen und Lipiden. Sammeln sich derart geschädigte Zellkomponenten im Körper an, beschleunigt dies den Alterungsprozess und kann auch zu verschiedenen Erkrankungen führen. Tee-Polyphenole können freie Radikale binden und so zum Schutz vor Herz-Kreislauf-Problemen, Krebserkrankungen, Multipler Sklerose und Alzheimer beitragen.

In der epidemiologischen Rotterdam-Langzeitstudie an ca. 8000 älteren Menschen wurde zum Beispiel festgestellt, dass Probanden ohne Arteriosklerose erheblich mehr Tee tranken als Personen, die von diesen Gefäßverengungen betroffen waren. Der hohe Flavonoid-Konsum durch Tee scheint die für die Gefäße gefährliche Oxidation von Lipoproteinen zu behindern, besonders die des LDL (*low density lipoprotein*), einer cholesterinreichen Verbindung im Blut. Deren Oxidation führt zu vermehrter Kalkablagerung in den Gefäßwänden, die sich allmählich zusetzen und am Ende zum Infarkt des Herzens oder zum Schlaganfall führen. Auch die Wirkung von Enzymen, die zur Bildung von Plaque in den Gefäßen benötigt werden, wird durch Flavonoide gehemmt, wie sie in grünem und schwarzem Tee enthalten sind.

Die bisherigen Studien zur kardioprotektiven Wirkung legen ihren Schwerpunkt vor allem auf grünen Tee, der mehr Catechine enthält als schwarzer Tee. Zum Teil erklärt sich das aus der Tatsache, dass die frühesten und umfangreichsten Studien zu diesem Wirkungskomplex in Japan durchgeführt wurden, wo fast nur grüner Tee getrunken wird. Eine neuere Untersuchung an der Berliner Charité, die sich mit den Schutzwirkungen von Schwarztee-Konsum auf die Koronargefäße beschäftigt, kommt allerdings zu vergleichbaren Ergebnissen wie bei grünem Tee. Dieses Fazit verwundert im Grunde nicht: Schwarzer Tee enthält etwa dieselbe Menge an Flavonoiden wie grüner Tee, auch wenn diese teilweise durch die Fermentation umgewandelt sind zu Theaflavinen und Thearubiginen. Das Wirkungsspektrum dieser Stoffe ist bisher noch kaum analysiert.

Grüner und schwarzer Tee wurden auch im Hinblick auf ihre Wirksamkeit gegen Krebserkrankungen untersucht. Dabei erwies sich insbesondere das EGCG als effektiv bei der Hemmung von Tumoren – nicht nur bei der Prävention gegen die Entartung von Zellen, sondern auch nach dem Auftreten von Tumoren. Bei Brustkrebs-

Patientinnen war die Rückfallquote bei Teetrinkerinnen mit 16,7 Prozent signifikant geringer als bei der Kontrollgruppe mit 24,3 Prozent. Weitere Forschungsergebnisse weisen auf schützende Wirkungen von Teekonsum bei Eierstock-, Magen- und Darmkrebs hin. Auch der Schutz vor vorzeitiger Hautalterung und Hautkrebs als Folgen von erhöhter UV-A-Lichteinwirkung, bei der in Tiefenschichten der Haut freie Radikale gebildet werden, scheint durch Tee-Polyphenole verstärkt zu werden. Um diese vermuteten antikanzerogenen Wirkungen von Tee klinisch nachzuweisen, läuft derzeit eine Reihe weiterer Untersuchungen.

Günstige Effekte des EGCG wurden in vitro und im Tiermodell auch nachgewiesen bei der Alzheimerkrankheit sowie bei chronisch-entzündlichen Erkrankungen des Zentralnervensystems, speziell bei der Multiplen Sklerose, für die ein fehlgeleitetes Immunsystem als Ursache von andauernden neurologischen Behinderungen angenommen wird. Ein Forschungsteam des Instituts für Neuroimmunologie der Berliner Charité fand heraus, dass EGCG offenbar in der Lage ist, Fehlfunktionen im Immunsystem zu drosseln und Neurone vor den Folgen dieser Dysfunktionen zu schützen. Versuche an der Universität Newcastle weisen außerdem darauf hin, dass vor allem grüner Tee möglicherweise auch Plaque-Ablagerungen im Gehirn behindern kann, die für altersbedingte Gedächtnisstörungen wie Alzheimer verantwortlich gemacht werden.

6. Tee und Milch

Was vor allem Teetrinker in Großbritannien wenig freuen dürfte: Die beschriebenen positiven Wirkungen der Tee-Polyphenole werden großenteils neutralisiert durch die Zugabe von Milch. Das war das Ergebnis einer Versuchsreihe, die 2007 von einer Forschergruppe um Verena Stangl an der Berliner Charité durchgeführt wurde. Die Er-

Silbernes Milchkännchen aus Großbritannien (1758/59), von John Schuppe

weiterung der Blutgefäße durch die Polyphenole des Tees wird verursacht durch das Enzym eNOS, dessen erhöhte Konzentration den Botenstoff Stickstoffmonoxid (NO) freisetzt. In weiteren Versuchen wiesen die Forscher nach, dass die in der Milch enthaltenen Kaseine die NO-Produktion und damit auch die gesundheitsfördernden Effekte der Tee-Polyphenole behindern. Die im *European Heart Journal* 2007 veröffentlichte Studie ergänzt Erkenntnisse von Robinson (1997) und Langley-Evans (2000), die eine Verminderung des antioxidativen Potenzials von Schwarztee-Zubereitungen durch die Zugabe von Milch festgestellt hatten. Dieser Effekt fällt geringer aus, wenn man Halbfettmilch verwendet.

Es gibt also inzwischen eine stattliche Reihe von wissenschaftlichen Erkenntnissen und vielversprechenden Vermutungen über die

Wirkungen der Inhaltsstoffe von Tee. Dennoch sind einige grund-
legende Fragen zu den gesundheitlichen Aspekten des Teekonsums
noch ungeklärt. Beispielsweise ist die Bioverfügbarkeit der Tee-Polyphenole für den menschlichen Organismus noch nicht klinisch evi-
dent nachgewiesen, und auch zu den Langzeitwirkungen regelmäßi-
gen Genusses von grünem und schwarzem Tee auf die Gesundheit
bleiben noch viele Fragen zu untersuchen.

Diese Vorsicht gegenüber zu hoch geschraubten Erwartungen an
Heilwirkungen, die nicht hinreichend nachgewiesen sind, darf aber
nicht das insgesamt sehr positive Fazit für den Tee beeinträchtigen: Tee
ist keine Arznei, sondern ein hocharomatisches Genussmittel. Er ist
weltweit eines der sichersten, reinsten und bekömmlichsten Getränke,
ist von Natur aus praktisch kalorienfrei (wenn man ihm nicht Milch
oder Zucker zusetzt) und kann ohne schädliche Nebenwirkungen zur
täglichen Flüssigkeitsversorgung – je nach körperlicher Aktivität zwischen 1,5 und 2,5 Litern – beitragen. Das alte Märchen von Tee und Kaffee als «Flüssigkeitsräubern» ist inzwischen eindeutig widerlegt. Wohl-
befinden nach Teegenuss ist eine jeden Tag millionenfach und weltweit
erwiesene Erfahrung, auch wenn sie nicht in allen Einzelheiten wissenschaftlich erklärt werden kann und muss.

VII.

DER INTERNATIONALE
TEEMARKT HEUTE

1. Teeländer

In den Jahren seit 1910 ist die Tee-Anbaufläche in der Welt um mehr als das Achtfache gestiegen von 0,53 Millionen Hektar auf rund 4,5 Millionen, wie die Jahresberichte des International Tea Council zeigen. Produziert wurden im Jahre 1910 weltweit 402 500 Tonnen Tee; im Jahr 2020 war die erzeugte Menge auf über 6 Millionen Tonnen angewachsen, also auf das Fünfzehnfache. Die in der ganzen Welt gestiegene Nachfrage hat Tee – nach Wasser – zum beliebtesten Getränk gemacht: Rund um den Globus werden jeden Tag rund 14 Milliarden Tassen Tee getrunken. Vor allem in den größten Teenationen China und Indien wurden die Anbauflächen erweitert, um den gestiegenen Bedarf zu decken. Die afrikanischen Länder, allen voran Kenia, waren 1910 noch gar nicht im Weltmarkt vertreten. Die Produktivität der Plantagen wurde durch großzügigen Chemieeinsatz zur Schädlingsbekämpfung und Düngung sowie durch verstärkte Mechanisierung bei Ernte und Verarbeitung erheblich gesteigert. Bis heute beherrschen die großen fünf Teeländer den Markt; China und Indien sorgen allein für zwei Drittel der weltweiten Produktion.

China produziert aktuell (2020) 2,74 Millionen Tonnen pro Jahr; 1979 waren es noch 277 000 Tonnen; 1999: 676 000 Tonnen; 2009: 1 359 000 Tonnen – in den letzten beiden Jahrzehnten hat China die Produktion also jeweils mehr als verdoppelt. Es erzeugt überwiegend orthodoxe und kaum CTC-Tees.

Indien, mit aktuell 1,26 Millionen Tonnen zweitgrößter Teeproduzent, durchläuft eine weniger dramatische Entwicklung: seit 1979 mit 544 000 Tonnen über 1999 mit 806 000 Tonnen bis hin zu 2009 mit 976 000 Tonnen. Hier wird zu 90 Prozent CTC-Tee produziert, schwerpunktmäßig im nordindischen Assam; die Himalaja-Gebiete, vor allem Darjeeling, und die südindischen Nilgiris stellen die hochwertigen 10 Prozent orthodoxen Tees her.

Kenia (aktuell 569 000 t) folgt mit deutlichem Abstand an dritter Stelle. Seit 1979 (99 000 t) hat das Land aber seine Produktion auf mehr als das Fünffache gesteigert (1989: 181 000 t; 2009: 314 000 t). Kenia erzeugt fast ausschließlich CTC-Schwarztees für den Export und ist – neben China – durch die hohen Steigerungsraten hauptverantwortlich für das Überangebot im Billig-Teemarkt und einen zeitweise ruinösen Preisverfall.

Sri Lankas Produktionszuwächse sind weniger spektakulär (aktuell: 301 000 t; im Jahr 1979: 206 000 t). Im Gegensatz zu Kenia wird der Ceylon-Tee überwiegend orthodox hergestellt; CTC-Produktion spielt mit knapp 10 Prozent eher eine Nebenrolle.

Vietnam dagegen legt kräftig zu (186 000 t; im Jahre 1979: 21 000 t) mit ausschließlich orthodox erzeugtem Tee und verdrängt das traditionell starke Indonesien (131 000 t) auf den sechsten Platz.

Die restliche Menge von rund 900 000 Tonnen verteilt sich auf die kleineren Teeproduzenten.

2. Exportweltmeister

Beim Export zeigt sich im Langzeitvergleich ein anderes Bild: Kenia und Sri Lanka, die jeweils rund 90 Prozent ihrer Teeproduktion ins Ausland liefern, sind die Exportweltmeister. Diese hohe Exportquote war früher die Regel, vor allem in Indien und in anderen Ländern des Britischen Empire. So wurden im Jahre 1910 nur 15 Prozent des Schwarz- und Grüntees in den Anbauländern selbst konsumiert. 2019 lag dieser Anteil insgesamt bei etwa 70 Prozent, in Indien sogar bei 82 Prozent. Die leicht gerundeten Zahlen spiegeln den – mit dem Wohlstand der Bevölkerung – stetig wachsenden Eigenkonsum, vor allem in China und Indien.

Kenia und Sri Lanka, die ehemaligen Kolonien des Empire, versorgen vor allem den großen britischen Markt mit Schwarztee für die beliebten Teebeutel. In absoluten Zahlen führt Kenia beim weltweiten Export mit 518 920 Tonnen (1990: 170 000 t; 1999: 241 000 t; 2009: 342 500 t) vor China (aktuell 348 820 t; 1990: 195 500 t; 1999: 200 000 t; 2009: 303 000 t), Sri Lanka (aktuell 262 730 t; 1990: 215 000 t; 1999: 263 000 t; 2009: 280 000 t), Indien (aktuell 207 580 t; 1990: 210 000 t; 1999: 187 500 t; 2009: 195 000 t) und – etwas überraschend – Vietnam (aktuell 130 000 t; 1990: 13 700 t; 1999: 28 000 t).

Kenia hat also seit 1990 sein Exportvolumen verdreifacht, China hat es fast verdoppelt; Sri Lanka zeigt mit rund 20 Prozent in drei Jahrzehnten moderaten Zuwachs, und Indiens Exporte stagnieren. Bei allerdings bescheidener Ausgangsbasis legte Vietnam seit 1990 um mehr als 900 Prozent zu, und das Potenzial für weiteres Wachstum scheint gegeben.

(Alle Zahlen, sofern nicht anders angegeben, stammen aus den jährlichen Statistiken des International Tea Committee in London und des Deutschen Tee & Kräutertee Verbandes e.V. in Hamburg. Im Internet kursieren zum Teil andere Zahlen und Rankings, deren Herkunft nicht verifizierbar ist.)

3. Tee-Importländer

Die größten Käufer von Tee auf dem Weltmarkt sind Pakistan (im Jahre 2020 wurden 254 406 t importiert; 2008 waren es erst 99 000 t, 2017 : 175 000 t) und Russland (163 000 t im Jahr 2017; zu Sowjetzeiten 1989 waren es noch 215 000 t gewesen). Großbritannien war einmal der mit Abstand größte Teeimporteur (174 000 t im Jahr 1974, davor regelmäßig auf Platz 1), rangiert aber inzwischen mit 109 000 Tonnen hinter den USA (126 000 t). Hinter Ägypten, Marokko, dem Iran, den Emiraten, Polen (38 000 t) und 16 weiteren Ländern folgen Frankreich (14 000 t), die Niederlande (10 661 t), Italien (6596 t), Österreich (2450 t) und die Schweiz (1825 t). Deutschland importiert seit Jahren konstant um die 45 000 Tonnen, führt aber fast die Hälfte des eingeführten Tees nach Weiterverarbeitung wieder aus.

4. Wer trinkt am meisten Tee?

Die jeweils importierte Gesamtmenge relativiert sich natürlich im Blick auf die Bevölkerungszahl des betreffenden Landes, wenn man den individuellen Konsum betrachtet. Beim Verbrauch führt im Drei-Jahres-Durchschnitt von 2016 bis 2018 weltweit die Türkei mit 3,04 Kilogramm pro Kopf, vor Libyen (2,8 kg) und Marokko (2,04 kg), dann erst folgen Irland (1,79 kg) und das Vereinigte Königreich (1,62 kg) als konsumstärkste europäische Länder. Hongkong (1,52 kg), China (1,48 kg), Afghanistan (1,37 kg) und Sri Lanka (1,35 kg) sind die eifrigsten Teetrinker Asiens. In Mittel- und Osteuropa konsumieren lediglich Polen (0,96 kg) und Russland (0,85 kg) Tee in nennenswerter Menge. Das übrige Europa trinkt Kaffee und nur gelegentlich Tee, am meisten die Niederlande (0,55 kg) und Deutschland (0,36 kg), am wenigsten Frankreich (0,21 kg), Österreich und die Schweiz (je 0,20 kg) und als Schlusslicht Italien (0,12 kg).

Dass China und Indien (0,82 kg) in diesen Verbrauchsstatistiken hintere Ränge belegen, erklärt sich daraus, dass der starke Eigenkonsum in den beiden wichtigsten Erzeugerländern bei dieser Handelsstatistik des International Tea Committee keine Berücksichtigung findet.

VIII.

UND DIE DEUTSCHEN?

1. Importe und Re-Exporte

Die Tee-Importe nach Deutschland beliefen sich im Jahre 2019 auf 46 643 Tonnen – fast dasselbe Volumen wie 2006, nachdem sie zwischenzeitlich 50 000 Tonnen überschritten hatten. Der Klimawandel mit Dürreperioden und Überschwemmungen in wichtigen Erzeugerländern forderte seinen Tribut, ebenso wie die bereits erwähnten Transportprobleme. Indien und China liefern über die Hälfte des in Deutschland getrunkenen Tees. Aus Indien kommen 33,5 Prozent des Schwarztees, aus China allein 61,8 Prozent des Grüntees.

Das Erstaunliche am deutschen Teemarkt ist aber, dass mit 22 342 Tonnen fast die Hälfte des eingeführten Tees wieder exportiert wird in 108 Länder weltweit, darunter auch Frankreich, die USA, die Niederlande, Österreich, die Schweiz, Großbritannien und Russland. Dieser auf den ersten Blick paradoxe Befund erklärt sich aus der Drehscheiben-Funktion, die der Hamburger Hafen für den europäischen Handel mit Qualitätstee in den letzten Jahrzehnten von London übernommen hat. Ca. 60–70 Prozent des europaweit gehandelten Tees werden inzwischen in Hamburg umgeschlagen. Es erscheint daher nur konsequent, dass das European Tea Committee (ETC), der Europäische Spitzenverband der Teewirtschaft, seit 2004 seinen Sitz in der Hansestadt hat.

2. *Qualität*

Ausschlaggebend für diese starke Stellung ist die Fachkompetenz des deutschen Teehandels, die in Hamburg, aber auch Bremen und Emden gebündelt ist. Tee, der in den deutschen Teelaboren akribisch auf Rückstände und Kontaminationen getestet und von den erfahrenen, kritischen Teeprüfern für gut befunden wurde, genießt weltweit Vertrauen als Spitzenqualität; er verlässt das Land gleichsam als Markenware mit eigenem «Tested and tasted in Germany»-Gütesiegel. Die im Vorwort zitierte schwäbische Hausfrau liegt also mit ihrem Wunsch nach Tee aus Deutschland im internationalen Trend, auch wenn sie es etwas anders verstanden hat. Die deutschen Verkoster und Mischer kennen auch unterschiedliche Geschmacksvorlieben in verschiedenen Ländern, schmecken spezielle Mischungen daraufhin ab und erspüren und entwickeln neue Trends.

In Deutschland selbst bewegt sich der Eigenkonsum seit Jahren konstant um 19 200 Tonnen. «Klein, aber fein» ist die sympathische Devise im deutschen Teeverbrauch, der im Landesdurchschnitt bei bescheidenen 360 Gramm Tee pro Kopf liegt, also bei rund 28 Litern Getränk. Allerdings bevorzugen deutsche Teetrinker hohe Qualität, entsprechend liegt der Anteil von losem Tee gegenüber Teebeuteln bei 60:40. Der Anteil von grünem Tee ist zwar leicht gestiegen auf 27 Prozent; mit rund 73 Prozent des gesamten Verbrauchs bleibt aber der schwarze Tee eindeutig bevorzugt. Bemerkenswert ist die wachsende Akzeptanz des Bio-Tees, der auf einen Anteil von 12 Prozent am Gesamtverbrauch kommt – im Jahre 2003 waren es noch 2,1 Prozent.

3. Einkaufsquellen

Die Deutschen kaufen ihren Tee bevorzugt im Lebensmitteleinzel-
handel und beim Discounter (ca. 54,3 %). Die andere Hälfte teilen
sich Teefachgeschäfte (17,5 %), türkische und andere Einzelhändler
(17,9 %), Gastronomie (5,8 %), Industrie (5,8 %) und Direktversand
(4,5 %).

4. Ostfriesland

Und noch ein Paradox muss beim deutschen Teeverbrauch festgestellt
werden: Hierzulande gibt es zwar am nordwestlichen Rand kein
widerspenstiges gallisches Dorf, das unbeirrbar die Ehre der Nation
hochhält. Aber Deutschland hat die Ostfriesen, die mit 300 Litern pro
Jahr und Kopf fast elfmal so viel Tee trinken wie die Durchschnitts-
deutschen. Das sind pro Jahr rund 14 Millionen Liter. In der schieren
Menge übertreffen sie als weltweite Nr. 1 noch deutlich Türken, Iren
und Briten. Ihr Rekord wurde im August 2021 offiziell anerkannt vom
«Rekord-Institut für Deutschland», wie die Deutsche Presse-Agentur
meldete. Überdies ist die ostfriesische Teekultur seit 2016 als immate-
rielles Weltkulturerbe von der UNESCO geadelt. Und diese Erben
sind sehr wählerisch, wenn es um den besten Tee für ihre geliebte
Teetied geht – was sich offensichtlich auch bis Biberach an der Riß
herumgesprochen hat.

5. Akteure im deutschen Tee-Großhandel

Deutschland hat seit 1920 keine Kolonien mehr, und auch vor dem Ersten Weltkrieg spielte der Teeanbau in den deutschen Überseebesitzungen keine Rolle. Anders als in Großbritannien, wo die East India Company und später die großen Teeunternehmen wie Lipton die gesamte Lieferkette vom Anbau über Produktion, Transport und Vermarktung in der eigenen Hand hatten, beschränkte sich die Aktivität deutscher Firmen auf den Import von Tee als Bulkware. Die kam vor allem aus London und China und wurde in Deutschland abgemischt oder weiterverarbeitet, gepackt und als eigene Marke verkauft. Die Geschichte des deutschen Teehandels mit Schwerpunkt Hamburg ist umfassend und aktuell dargestellt von Martin Krieger («Geschichte des Tees», 2021, Kapitel 8 und 11). An dieser Stelle soll ein Überblick über wichtigste Akteure im heutigen deutschen Teemarkt zur Orientierung dienen.

Die zwei größten Handels-Kommanditgesellschaften sind die Laurens Spethmann Holding AG mit Firmensitz in Seevetal (Kreis Harburg) und die Teekanne GmbH, 1882 in Dresden gegründet und 1946 von der Inhaberfamilie nach Viersen, dann zum heutigen Firmensitz in Düsseldorf überführt.

OTG

Das Kerngeschäft der Spethmann Holding betreibt die Ostfriesische Teegesellschaft (OTG) mit den Teemarken Meßmer, MILFORD, OnnO Behrends und Yasashi. Die OTG wurde 1907 in Leer gegründet und 1953 von Laurens Spethmann, dem Enkel des Firmengründers, übernommen und vom traditionellen Importeur zum erfolgreichen Tee-Abpacker entwickelt. 1966 wurde Milford als Marke etabliert. 1988 übernahm die OTG die ostfriesische OnnO Behrends GmbH & Co. in Norden und damit eines der drei Unternehmen, die namensgeschützten echten Ostfriesentee produzieren (die anderen beiden sind Thiele & Freese in Emden und die Bünting AG in Leer). 1990 folgte der Kauf der Ed. Meßmer GmbH & Co. in Frankfurt.

Für Discounter produziert die OTG auch deren englisch klingende Eigenmarken Lord Nelson (für Lidl), Cornwall (für Norma), Captains Tea (für netto), Westminster und Westcliff (für Aldi u. a.).

Teekanne

Die Teekanne sicherte sich bereits 1888 Namen und Logo als Schutzmarke – eines der ältesten deutschen Warenzeichen – und 1913 die Markennamen Teefix und Pompadour. Ebenfalls bahnbrechend im deutschen Markt war 1929 die Einführung der Pergamentpapier-Teebeutel und im Jahr 1949 die Erfindung des patentierten, heute weltweit verbreiteten Doppelkammerbeutels mit Heftklammerverschluss durch den Teekanne-Mitarbeiter Adolf Rambold. Der findige Ingenieur entwickelte im gleichen Jahr auch die Constanta Teepackmaschine; deren Nachfolgemodelle können heute bis zu 400 Teebeutel pro Minute befüllen.

Diese großen Gesellschaften liefern die Fertigware ihrer Marken für die Teeregale der Lebensmittel-Einzelhändler und Discounter und sind damit für 54,3 Prozent des gesamten Tee-Umsatzes in Deutschland verantwortlich.

6. Alternativen: Franchise und Direkthandel

TeeGschwendner

Im Tee-Fachhandel hat sich ein Unternehmen die Marktführung erobert, das von einem inhabergeführten kleinen Teegeschäft zum omnipräsenten Franchise-System in Deutschland, aber auch in einigen

Nachbarländern und den USA gewachsen ist. Gemeinsame Tee-
begeisterung führte dazu, dass der 22-jährige Albert Gschwendner
und seine Frau Gwendalina 1976 in Trier ihren ersten «Teeladen» er-
öffneten, weil ihnen der Tee in den Einzelhandelsgeschäften nicht
recht schmeckte und es zu wenig Auswahl gab. Der Erfolg war mäßig.
Besser lief es in zentraler Innenstadtlage in Bonn. In einem geräumi-
gen historischen Fachwerkhaus machten sie für Kundinnen und Kunden Teegenuss zum Erlebnis von dem Moment an, in dem sie den
Laden betreten und den betörenden Duft schnuppern. Breite Auswahl
an geschmackvoll präsentierten Qualitätstees, fachlich fundierte Beratung im persönlichen Gespräch und umfassendes Serviceangebot –
dieses Konzept zeichnet bis heute jeden Gschwendner-Laden aus, von
denen es mittlerweile 129 gibt in Deutschland, Österreich und Lu-
xemburg. Der Ur-Teeladen in Bonn floriert nach wie vor, die Inhabe-
rin stammt aus der Familie, ebenso wie einer der drei Geschäftsführer
der TeeGschwendner GmbH in Meckenheim. Dort befindet sich die
Zentrale eines der erfolgreichsten und vielfach prämierten Franchise-
Systeme Deutschlands.

Aufbau und Leitung dieses Systems war das Lebenswerk Albert
Gschwendners, das er 1982 gemeinsam mit seinem Bruder Karl in
Angriff nahm. Die Marke «TeeGschwendner» mit drei Geschäften in
Eigenregie wurde Franchise-Geberin für eine rasch wachsende Zahl
von inhabergeführten Tee-Fachgeschäften in der Bundesrepublik
Deutschland, die als Franchise-Nehmer gegen Gebühr nach einheit-
lichem Konzept den Marktauftritt an ihrem Firmensitz mitgestalten
konnten. Voraussetzungen für die Teilnahme sind – neben der Liebe
zum Tee – gründliches Fachwissen, Beratungskompetenz und auch
die Identifikation mit einem wertegebundenen Handelssystem, das
bis heute durchgängig geprägt ist von der Persönlichkeit Albert
Gschwendners. Er begriff den Teehandel im Sinne einer umfassenden
unternehmerischen Verantwortung für die höchste Qualität und
Reinheit der Tees im Sortiment (inzwischen über 350), aber auch für
die Standards ihrer Produktion: Die gelebte Teekultur soll ihre natür-

lichen Grundlagen erhalten und fördern und auch die Menschen, die sie tragen, respektieren und ihre Leistung angemessen honorieren. Naturschutz war selbstverständlich Teil dieser Kultur, wie die langjährige Zusammenarbeit mit dem Naturschutzbund NABU in Projekten zum Schutz von gefährdeten Arten zeigt. Zum ökologischen Engagement (50 % des Angebots sind zertifizierte Bio-Tees) tritt gleichberechtigt das soziale zugunsten kleiner Teeproduzenten in weniger prominenten Erzeugerländern, die im Weltmarkt agieren wollen. So kommen auch neue, manchmal exklusiv in Gschwendner-Läden erhältliche Sorten in das Angebot. Ein Teil der Erlöse aus dem Verkauf ihrer Tees fließt zurück an die Kleinbauern.

Das Prinzip des Direkt-Einkaufs bei den Produzenten bedingt ständigen Kontakt, vor allem durch Reisen der *tea taster*, die sich – immer neugierig und auf der Suche – vor Ort über neue Entwicklungen informieren und auch die Produzenten aus erster Hand im Blick auf Kundenwünsche und Qualitätsansprüche beraten können. Da die erfahrenen Tester Kaufentscheidungen treffen, finden sie immer aufmerksame Zuhörer. Man kennt sich, und mit den Jahren ist auf beiden Seiten ein enges Vertrauensverhältnis gewachsen. Man kennt sich auch im Kreis der Franchise-Partner, die regelmäßig Gelegenheit bekommen zur Teilnahme an Reisen zu den Gärten, aus denen ihre Ware stammt, unter Leitung eines Teetesters. Nichts erhöht Motivation und Beratungskompetenz in Sachen Tee besser als Besuche im Garten und Gespräche mit den Teebauern. Diese durchgängige, offene Kommunikationskultur zwischen Produzenten, Mitarbeitern in der Zentrale, Franchise-Partnern in den Teeläden und ihren Kundinnen und Kunden wurde mehrfach ausgezeichnet vom Franchiseverband und von Wirtschaftsmagazinen.

Die Angebotspalette ist breit, vom exklusiven Artisanal Tea bis zur erschwinglichen Frühstücksmischung für den Alltag, und sie umfasst auch Kräuter- und Früchtetees und ausgewählte Tee-Fertiggetränke. Alle werden im eigenen Teelabor mehrfach getestet; die einwandfreie Qualität wird auf jeder Packung attestiert. Dieser Aufwand muss natürlich finanziert werden, und Billigtees dubioser Herkunft sind bei Gschwendner nicht zu finden.

Zur Förderung der Teekultur wurde die TeeGschwendner Akademie gegründet, die 2007 erstmals eine Qualifikation zum TeeSommelier anbot, zusammen mit der IHK Rheinland und der Universität Bonn. In diesem Rahmen lernte ich Albert Gschwendner und seinen Hamburger Chef-Teetester Thomas Holz kennen und schätzen. Und wie jeder, der Albert Gschwendner begegnet war, empfand ich 2010 die Nachricht von seinem Tod mit 56 Jahren als einen schmerzlichen persönlichen Verlust. Sein Unternehmen – nach wie vor in Familienbesitz und unter Mit-Leitung seines Sohnes Jonathan – trägt sein Erbe in der Gegenwart und in die Zukunft. Den verdienten Erfolg dokumentieren zahlreiche internationale Anerkennungen und Preise.

Unabhängiger Direkthandel

Auch im Tee-Einzelhandel macht sich ein Trend zunehmend bemerkbar, der sich in der Craft-Bier-Mode und im Kaffeehandel (inklusive Rösterei) schon seinen Platz im Straßenbild und auch im Internet erobert hat: engagierte Ladenbesitzerinnen und -besitzer oder Online-Firmen, die ein manchmal durchaus profiliertes Angebot präsentieren. Viele haben direkte Kontakte zu Teeproduzenten, die sie persönlich kennen und bei denen sie nach Bedarf bestellen. Das kleine, spezielle Angebot führt manchmal zu überraschenden Entdeckungen von Tees, die nur in kleinen Mengen verfügbar und daher für die Großen im Markt uninteressant sind. Wenn es sich dabei um sogenannte Artisanal Teas handelt, handgearbeitete Kreativ-Teemarken, ist der Versuch vielversprechend: Der Besuch in einem Teegeschäft oder auf einer Online-Plattform mit solchen Boutique-Teeprodukten wird manchmal mit einem durchaus erfreulichen, ungewöhnlichen Geschmackserlebnis belohnt. Allerdings sollte man, wenn es sich um einen Laden handelt, probieren; im Internet empfiehlt es sich, erst einmal eine Probe oder kleine Menge zu bestellen.

Das erfolgreichste unabhängige Teehandelsunternehmen in Deutschland, die Teekampagne, hat sich auf den Handel mit Darjeeling-Tees spezialisiert und wird daher im Kontext von Darjeelings Teewirtschaft vorgestellt.

IX.

AKTEURE IM WELTWEITEN TEEMARKT

In den Teeregalen der Supermärkte und Lebensmittelhändler weltweit finden sich auf den bunten Kartons der Teebeutel und den Plastikflaschen mit «RTD-Teegetränken» *(ready-to-drink)* für den Massenkonsum viele vertraute Namen: Lipton, Twinings, Tetley, Brooke Bond, Finlays und andere mit jeweils langer Firmengeschichte, die meist im Vereinigten Königreich ihren Anfang nahm. Sie suggerieren Tradition und Qualitätsversprechen eines Familienunternehmens, vor allem, wenn sie irgendwann mit dem Siegel eines Hoflieferanten *(By Appointment to Her Majesty)* ausgezeichnet wurden. In Familienbesitz befindet sich heute keine der genannten Firmen mehr. Alle sind Teemarken im Portfolio der großen Lebensmittelkonzerne oder Kapitalgesellschaften, die den Weltmarkt beherrschen.

1. Twinings

Als ältestes der eigenständigen Unternehmen wurde Twinings of London im Jahre 1964 von dem Konsortium Associated British Foods (ABF) übernommen. 1706 von Thomas Twining gegründet, einem ehemaligen Angestellten der East India Company, befand sich Twinings über zehn Generationen immer in Familienbesitz. Das Eingangsportal zum

Londoner Stammhaus ziert bis heute als Markenzeichen fast jedes Produkt und jede Firmenmitteilung. ABF war 1935 aus einem Zusammenschluss von Großbäckereien, Cafeterias, British Sugar sowie Supermarkt- und Bekleidungsketten hervorgegangen und hatte seine Aktivitäten zunächst nach Irland und in die USA, dann weltweit expandiert. Mehrheitseigentümerin von ABF ist die Kapitalgesellschaft Wittington Investments, deren Jahresumsatz sich um 14 Milliarden britische Pfund bewegt. Wittington ist auch Eigentümerin des prominenten Londoner Lebensmittel- und Tee-Kaufhauses Fortnum & Mason.

2. Tetley

Die Firma wurde 1837 von zwei Brüdern als Joseph Tetley & Co. in Yorkshire gegründet, übersiedelte 1856 nach London und erlebte im Tee-Großhandel einen steilen Aufstieg. Sie fusionierte 1973 mit dem Lebensmittelproduzenten J. Lyons & Co., der auch eine bekannte Kette von Teeläden mit Straßencafés betrieb. Nach einer Übergangsphase, in der Lyons mit Allied Breweries und anderen Unternehmen verschmolz, wurde Tetley im Jahre 2000 als Teemarke weiterverkauft an die indische Unternehmensgruppe Tata Global Beverages (vormals Tata Tea). Am 31. März 2021 übernahm die US-amerikanische Harris Tea Company dann die Marke Tetley vom indischen Marktführer und gliederte sie als Harris Tea Foodservice zur Entwicklung von «integrierten Getränkelösungen» für Restaurantketten und Einzelhändler ein, vornehmlich für den US-Markt. Die «Lösungen» bestehen im Wesentlichen aus Teebeutel-Serien verschiedener Geschmacksausrichtung und Fertiggetränken mit Tee.

3. Lipton

Dem faszinierenden Aufstieg Thomas Liptons zur Galionsfigur im
kolonialen Ceylon und im Teegeschäft beiderseits des Atlantiks folgte
eine wechselvolle Geschichte seiner Unternehmen nach dem Börsen-
gang in den USA (1897). Die Firmengruppe überlebte den Ersten
Weltkrieg, aber Mitte der 1920er Jahre trieb der eigensinnige Multi-
millionär sie durch riskante Spekulationen an den Rand des Ruins. Er
wurde daraufhin als «Präsident auf Lebenszeit» in den unfreiwilligen
Ruhestand hinweggeehrt, blieb aber begehrter Interviewpartner bei
Pressekonferenzen auf seiner Yacht. Die hieß über fünf Schiffsgenera-
tionen immer «Shamrock»: Das vierblättrige Kleeblatt als irisches
Nationalsymbol war zugleich Erinnerung an die Heimat seiner Eltern
und Glücksbringer bei Regatten über die Weltmeere.

Das große anglo-niederländische Konsumgüter-Imperium Unilever übernahm 1938 zunächst das US- und Kanada-Geschäft von Lipton, schließlich 1972 den gesamten Konzern. Nach dem Zweiten Weltkrieg folgte der Wiederaufstieg der Marke Lipton unter dem Dach von
Unilever zum – nach Firmenangaben – weltweit größten Produzenten
von Tee und Teeprodukten. Die Masse der Erzeugnisse wurde vor
allem für den amerikanischen Markt entwickelt und in synergetischer
Partnerschaft mit Pepsi Cola international vertrieben: neben den
allgegenwärtigen Teebeuteln verschiedenster Geschmacksrichtungen
hochverarbeitete Fertiggetränke wie Eistee und Teepulver (*instant tea*)
zur vielseitigen Verwendung in Getränken und Speisen. Lipton-Dosen-
und Trockensuppen bilden eine andere erfolgreiche Produktlinie für
den Vertrieb in über 100 Ländern der Welt.

Neben Lipton umfasste Unilever bis zum Jahr 2021 PG Tips,
Brooke Bond, pukka und Lyons sowie mehr als ein Dutzend weitere
Teemarken unter dem biologisch-naturnah klingenden Sammel-
namen ekaterra («botanicals for a better world»). Am 18. November
2021 gab die Londoner Konzernleitung von Unilever bekannt, dass

das gesamte weltweite ekaterra-Teegeschäft inklusive aller Marken verkauft wird für 4,5 Milliarden britische Pfund an das 1981 gegründete Luxemburger Investmentunternehmen CVC Capital Partners Fund VIII. Das Portfolio von CVC, das zu den zehn größten Private-Equity-Firmen der Welt gehört, umfasst unter anderen die Sportwetten-Buchmacher Tipico und Sky Bet und die Marken Samsonite und Breitling.

4. Finlays

Die letzte der hier exemplarisch ausgewählten Weltfirmen ist eine der ältesten: James Finlay & Co. führt das Gründungsjahr 1750 stolz im Titel seines jährlich erscheinenden, ungewöhnlich informativen und aufwändig gestalteten Firmenmagazins «Finlays 1750». Die Ausgaben 165 (China, 2019) und 166 (Kenia, 2020) sind Hauptquellen für die folgenden Ausführungen.

James Finlay aus dem schottischen Killearn bei Stirling begann 1750 als Textilfabrikant mit bescheidenem Erfolg in Glasgow. Sein Sohn Kirkman weitete das Tätigkeitsfeld aus durch Partnerschaften mit größeren Außenhandelsfirmen der Stadt, die im kolonialen Baumwollgeschäft viel Geld verdient hatten. James Finlay & Co. expandierte erfolgreich nach England, dann nach Europa, in die Karibik und die USA. Als 1813 das Monopol der East India Company für den Asienhandel fiel, das Kirkman Finlay als Parlamentsmitglied stets bekämpft hatte, richtete sich der Blick verstärkt nach Osten. Der amerikanische Bürgerkrieg ab 1861 läutete den Niedergang des Baumwollgeschäfts über den Atlantik ein. Finlay & Co. eröffnete Kontore in Kalkutta und Bombay und kaufte 1882 – zusätzlich zum etablierten Baumwollbereich – zwei Teefirmen. Die Aktivitäten waren so erfolgreich, dass vor allem in Südindien von der Finlay-Muir-Gruppe unter dem Mitinhaber und Manager John Muir ausgedehnte Teeplantagen

angelegt wurden. Um die Wende zum 20. Jahrhundert besaß die Firma
rund 30 000 Hektar unter Tee und beschäftigte 70 000 indische Arbeitskräfte, dazu einen großen Stab von Aufsichts- und Verwaltungsange-
stellten aus Großbritannien.

5. JFK

Die schwierigen Jahre nach dem Ersten Weltkrieg mit erheblichen
Verlusten im Baumwollsektor, Verfall der indischen Rupie und ande-
ren Handelsproblemen überstand das komplexe Unternehmen durch
Abstoßung von unprofitablen Geschäftszweigen sowie weiterer Kon-
solidierungsmaßnahmen und Erschließung neuer Tätigkeitsbereiche:
1925 erwarb Finlay umfangreiche Anbauflächen für Tee, Kaffee und
Blumen im Hochland von Kenia und gründete die African Highlands
Produce Company, die heutige James Finlay (Kenya). Die Plantagen
in Kenia entwickelten sich prächtig, während der Niedergang des
Baumwoll- und Textilgeschäfts in Schottland und Indien wegen zunehmender internationaler Konkurrenz letztlich nicht aufzuhalten
war.

Nach der Unabhängigkeit Indiens im Jahr 1947 musste Finlay die
indischen Baumwollplantagen verkaufen; Mahatma Gandhi hatte
nicht zufällig das Spinnrad zum Emblem des indischen Unabhängig-
keitskampfes erhoben, nachdem die britischen Kolonialherren die
heimische Textilwirtschaft systematisch in den Ruin getrieben hatten,
um ihre industriell aus indischer Baumwolle in englischen Fabriken
hergestellten Stoffe in Indien mit satten Profitmargen abzusetzen.
Der Teeanbau war weniger historisch vorbelastet, schließlich hatten
die Briten ihn ja nach Indien gebracht. Nach Übergangskonstruktio-
nen wurden Finlays Teefirmen in Indien 1962 an den indischen Konzern Tata Sons verkauft. Finlay behielt einen 20-Prozent-Anteil am
neuen Gemeinschaftsunternehmen Tata Finlay. 1983 zog sich Finlay

aus dieser Partnerschaft zurück, und die neue Firma wurde als Tata Tea allein in indischer Regie geführt.

Der Mischkonzern Finlays versuchte sich in Europa im Geschäft mit Finanzdienstleistungen, Nordseeöl, Süßwaren und Getränken. Erfolgreich bei dieser Diversifizierung war – neben den Finanzdiensten – aber lediglich das Geschäft mit Tee und anderen tropischen Agrarprodukten. 1995 entschied der Vorstand, sich auf dieses Kerngeschäft zu konzentrieren, mit Erfolg. Im September 2000 wurde Finlays vollständig übernommen von der Swire Group, einem multinationalen Konzern mit Firmensitzen in London und Hongkong. Mit 133 000 Mitarbeitern auf allen Kontinenten und in einer Reihe von Branchen ist die Swire Holding aktiv, schwerpunktmäßig im Immobilien-, Reederei- und Tourismusgeschäft. Swire besitzt allein in China unter anderem diverse Hotelketten, die China Navigation Company und 42 Prozent der Anteile an der Fluggesellschaft Cathay Pacific. Für die weltweit agierende Getränke- und Lebensmittelbranche der Swire Holding bildet Finlays das Flaggschiff, das auf allen Kontinenten mit Ausnahme Australiens unterwegs ist. Und dieses bestens ausgerüstete und seit Jahrhunderten sturmerprobte Schiff wird jetzt neu getrimmt und nimmt volle Kraft voraus Kurs auf den für das weltweite Teegeschäft wichtigsten Markt mit dem größten Entwicklungspotenzial: China.

Die Ausgangsbasis bildet – nach dem stufenweisen Abgang aus Indien – das laufende Teegeschäft in Sri Lanka, Kenia und Argentinien. Finlays besitzt in diesen drei Ländern 27 000 Hektar Plantagen, die eine Fläche von 44 000 Fußballfeldern bedecken. Allein in Kenias Kericho stehen 5267 Hektar unter Tee, dazu rund 3000 Hektar Eukalyptus, dessen schnell wachsendes Holz für die Trocknungsprozesse in den Fabriken gebraucht wird. Von der gesamten Teeproduktion Kenias, im Jahre 2020 waren das 569 000 Tonnen fast ausschließlich CTC-Schwarztee (die ITC-Statistik weist dazu noch 5000 t orthodoxe Tees aus), werden 15 Prozent allein von Finlays exportiert. Der Löwenanteil geht direkt nach Großbritannien, etwa ein Drittel wird über die Tee-Auktion in Mombasa verkauft zu stark schwankenden Preisen, die manchmal kaum die Produktionskosten decken. Konkurrenzlos in Afrika ist Finlays Saosa-Tea-Extracts-Fabrik, die den Weltmarkt mit hochverarbeiteten Pulver- und Flüssigextrakten aus grünem Tee beliefert. Wegen ihres konzentrierten Gehalts an Polyphenolen sind sie besonders im Gesundheitsgetränkemarkt stark nachgefragt.

6. Die Zukunft der internationalen Teewirtschaft?

Nun also China: In Südchina ist Finlays – wie der Marktführer Lipton – bereits präsent mit rund einem Dutzend Niederlassungen, Verarbeitungs-, Misch- und Packfabriken in Nanjing, Xiamen und neuerdings Guizhou. Ein Innovationszentrum wird betrieben in Zhangzhou (in Fujian, der traditionsreichen Teeregion) als Joint Venture mit dem chinesischen Unternehmen Damin. Das beschäftigt 80 spezialisierte Naturwissenschaftler, die auch Tee-affine akademische Ausbildungsgänge anbieten dürfen. Damin ist fokussiert auf die Weiterverarbeitung von Tee und Tee-Extrakten, auch von Bio-Tee, darin weltweit führend und international zertifiziert nach EU- und US-Standards.

Die Provinz Guizhou ist so groß wie Ruanda und Malawi zusammen. In dieser bergigen, wirtschaftlich rückständigen Region auf dem Yunnan-Guizhou-Plateau (1000–2000 m über dem Meeresspiegel) wird bereits seit langem und in großem Umfang Tee angebaut, nach chinesischer Tradition von kleineren Familienbetrieben. Die haben mit denselben Problemen zu kämpfen wie die rund 8 Millionen anderen Teebauern in dem Riesenland: mangelhafte, kaum exportfähige Qualität, harter Konkurrenzkampf und niedrige Preise sowie die Zersplitterung des Marktes, auf dem eher nach Teesorte und Herkunftsregion als nach Marke verkauft wird. Großkonzerne wie Lipton und Finlays hatten es nicht schwer, mit aufwändigen Marketingkampagnen und Distributionsnetzwerken ihre Weltmarken auch im chinesischen Markt erfolgreich zu platzieren.

Auf Initiative der Regionalregierung von Guizhou, die gegen hohe Arbeitslosigkeit in den ländlichen Gegenden kämpft und deshalb neue Flächen für den Teeanbau erschließt, hat Finlays die Potenziale der geplanten Zusammenarbeit analysiert und sich zum Einstieg nach neuer Konzeption entschlossen. Bisher verkaufen die Teebauern der Provinz nur die erste Ernte des Jahres im einheimischen Markt zu extrem niedrigen Preisen; im Rest des Jahres wird der Tee wegen mangelhafter Qualität am Strauch gelassen. James Finlay Guizhou (JFG) will diese «Verschwendung» beenden und hat 2018 zwei neue eigene Teefabriken in Sinan eröffnet. Sie sollen Tee in Weltmarktqualität für den Inlandsabsatz und für den Export produzieren. In Guizhou besitzt JFG aber – im Gegensatz zu Kenia – keine eigenen Teegärten. In Sinan werden ausschließlich Verträge mit unabhängigen Teebauern geschlossen, die ihren Tee anliefern und weiterverarbeiten lassen. Finlays übernimmt dann die Distribution und dient mit seinem Netzwerk als Verbindung zum Weltmarkt.

Um die Einhaltung internationaler Standards zu gewährleisten, müssen die ausgewählten Teebauern Schulungen und Prüfungen in moderner Anbaupraxis absolvieren. Dafür ist ein junges, naturwissenschaftlich ausgebildetes Team von firmeneigenen Experten zuständig. Die sollen auch die konsequente Umsetzung des Gelernten zusammen mit der Rainforest Alliance laufend überwachen, damit – zum Beispiel – Tee unter reduziertem Einsatz von Pestiziden oder Herbiziden erzeugt wird.

JFG will auch neue Produkte entwickeln aus der unendlichen Fülle an Teesorten in China. Der Geschäftsführer Guy Chambers verweist auf rund 1600 Varianten allein an Oolong-Tees, die im Westen völlig unbekannt sind. Aus einer ganzen Tee-Bibliothek sei nur der Band mit Schwarztees einigermaßen vertraut. Wenn die Produktion erfolgreich ist, soll sie von den jetzigen 400 000–500 000 Tonnen jährlich modular ausgebaut werden in Geschwindigkeit und Dimensionen, die außerhalb Chinas kaum vorstellbar sind. Chambers prognostiziert, dass nach fünf Jahren der Tee aus dieser einen Provinz die Gesamtmenge Kenias übertreffen wird – immerhin der drittgrößte Produzent und Exportweltmeister.

Als Leiter des Innovationszentrums hat Finlays eine bemerkenswerte Persönlichkeit unter Vertrag genommen: Wolfgang Tosch hat eine Ausbildung absolviert als Braumeister an der TU München in Weihenstephan («eine der anspruchsvollsten Schulen der Welt», so «Finlays 1750»), dann an der Universität Manchester ein Mikrobiologiestudium mit dem PhD-Grad abgeschlossen. 20 Jahre Berufserfahrung folgten bei den internationalen Marktführern der Brauwirtschaft, dem US-Riesen SAB Miller und, nach dessen Übernahme durch die noch größere Anheuser-Busch InBev, als deren Globaler Direktor für Innovative Produktentwicklung. Nachdem er das Bayrische Reinheitsgebot von 1516 in Afrika mit Cassava und Sorghum neu interpretiert hatte, ersetzte er in Indien den bitteren Hopfen durch lokale Zimt- und Koriander-Zusätze. Das völlig unkonventionelle Indus Pride war ein durchschlagender Erfolg bei Bier-Enthusiasten. Nun soll Tosch mit seinem Finlays-Team neue Teeprodukte aus China und auch neuartige technische Verfahren für den Weltmarkt entwickeln. Wenn die ehrgeizigen Pläne des Konzerns aufgehen, kann er die Konkurrenz das Fürchten lehren. Und klassischen Tee geschmacklich mit viel Fantasie zu variieren, entspricht durchaus uralter Tradition am chinesischen Kaiserhof. Es scheint, der Mann ist zur richtigen Zeit am richtigen Ort, um junge und neugierige Konsumentenmassen in China und in der Welt für Tee à la JFG zu gewinnen – so offenbar die Erwartung des Konzerns.

7. Zusammenfassung und Ausblick

Im Tee-Weltmarkt sind einige Tendenzen durchgängig erkennbar:
Vornehmlich hochverarbeitete Tee-Erzeugnisse als trinkfertige Zu-
bereitungen, Extrakte in flüssiger oder Pulverform, Teebeutel unterschiedlichster Geschmacksrichtungen und Formen bedienen im
Massenmarkt die aktuellen Trends zu Gesundheits- und Lifestyle-Ge-
tränken mit meist geringen Anteilen an Tee-Extrakten. Das Ausgangsmaterial für die Extraktion ist in der Regel Tee aus maschinell geernteten Blättern und Stängeln, der zwar Koffein und Polyphenole
enthält, aber wenig Aroma. Aromen werden im Laufe der Aufberei-
tung zum Fertiggetränk meist zugesetzt. Das billige Ausgangsmaterial und die synthetischen Aromen erhöhen die Wertschöpfung, die
das Produkt für den Hersteller interessant macht, der sein Kapital in
aufwändige Anlagen zur Weiterverarbeitung – im Marketing-Sprech:
Veredelung – des Tee-Breis investiert hat. Einige typische Produkte,
die sich als Modegetränke in den letzten Jahren erhebliche Anteile im
internationalen Getränkemarkt erobert haben, sollen hier in geboten-
ner Kürze vorgestellt werden.

Eistee

Traditioneller Eistee wurde seit der Wende zum 20. Jahrhundert vor
allem in den USA, nach 1945 verstärkt auch in Europa als sommer-
liches Erfrischungsgetränk populär. Er wird aus starkem schwarzem
oder grünem Tee mit oder ohne Zuckerzusatz bereitet, den man in
eine Karaffe mit Eiswürfeln gießt und mit eiskaltem Mineralwasser
auffüllt. Serviert wird er in Gläsern, klassisch dekoriert mit einer Zit-
ronenscheibe oder Nana- bzw. Pfefferminze. Variationen mit alko-
holischen Getränken oder Fruchtsirup sind beliebt.

Beim Ice Tea oder Eistee in Supermarktregalen handelt es sich
aber in aller Regel um industriell hergestellte Fertiggetränke.

Betrachtet man die Liste der Inhaltsstoffe, die nach EU-Kennzeichnungsverordnung aufgedruckt sein muss, sollte auf den meisten der hübschen Plastikflaschen mit japanisch oder irgendwie asiatisch anmutenden Motiven statt «Ice Tea» ehrlicherweise «Zuckerwasser mit Aromazusätzen und Beimengung von Tee-Extrakt» stehen. Wegen des meist hohen Zuckergehalts sind sie vornehmlich eisgekühlt genießbar. Das Coca-Cola-Prinzip wird zunehmend auf die Teeindustrie angewandt: Die «Seele», der Extrakt nach geheimem Rezept, kommt aus der Zentrale; Wasser, Aromen und Zucker werden vor Ort zugesetzt und abgefüllt. Das Markenprodukt muss überall auf der Welt gleich schmecken und optisch und geschmacklich sofort wiedererkennbar und konsumierbar sein. So gut wie alle Teeproduzenten üben sich in Image-Bearbeitung im Sinne von Grünmalerei, indem sie «best agricultural practice» versichern und Bio-Zertifizierung erwerben durch einschlägige Organisationen, die sie finanzieren.

Wenn dann ein «Green Tea» in der 1,5-Liter-Plastikflasche mit einem Gehalt von 0,031 Prozent hochverarbeitetem «Nilgiri Tee-Extrakt», Fruchtsirup-Kombinationen und Aromen mit dem Rainforest-Alliance-Zertifikat versehen ist, wirkt der mit der Zertifizierung erhobene Anspruch auf nachhaltige Produktion und fairen Handel einigermaßen verwegen. Das Fertiggetränk ist kein Tee, schmeckt nicht wie Tee und sollte auch nicht als «Tee» verkauft werden.

Kombucha

Der Name des in den letzten Jahren mit viel Werbeaufwand in den Markt gebrachten Erzeugnisses leitet sich wohl ab aus einem traditionellen japanischen Aufguss von Braunalgen (*kombu*), mit dem es aber so gut wie nichts zu tun hat. Der marktgängige Kombucha ist ein Gärgetränk, das durch Fermentierung von kräftig gezuckertem (meist grünem) Tee mit einer SCOBY-Kultur hergestellt wird; die Abkürzung steht für «symbiotische Kultur von Bakterien und Hefe». Bei der Fermentierung entsteht neben diversen Stoffwechselprodukten wie

Säuren und Enzymen sowie CO_2 auch Alkohol (Gehalt von 0,5–2 %). Wenn man Kombucha selbst herstellt, bleibt es etwa eine Woche lang genießbar und schmeckt leicht süß-sauer mit der moussierenden Konsistenz eines Gärgetränks wie Bier. Nach etwa drei Wochen wird es zu Essig. Wegen der enthaltenen organischen Säuren, Spurenelemente und Vitamine (B1, B6, B12 und C) soll es positive Wirkungen auf die Gesundheit haben, das Immunsystem stärken und zur Entschlackung des Körpers beitragen. Beglaubigt sind diese Wirkungen vor allem durch Stimmen aus Schattenbereichen der Alternativmedizin, die in den Echokammern von Marketing-Kampagnen der Hersteller kräftig verstärkt werden. Klinische Studien bestätigen bisher eine leicht abführende und schwach antibakterielle Wirkung; die Deutsche Gesellschaft für Ernährung konstatiert lapidar: «Die Werbeaussagen über gesundheitsvorbeugende oder therapeutische Wirkungen sind wissenschaftlich nicht nachgewiesen.»

Bei industriell hergestelltem Kombucha wird in der Regel, um das Getränk haltbar zu machen, der Gärungsprozess durch Pasteurisierung abgebrochen. Die Erhitzung tötet die Mikroorganismen und macht sie damit unwirksam. Das hält die Produzenten jedoch keineswegs davon ab, weiter mit «probiotischen» und «immunstärkenden» Effekten zu werben, und das offensichtlich mit Erfolg bei trendgeleiteten Verbrauchern: Allein Finlays weist im US-Markt von 2018 bis 2019 ein Wachstum von 52 Prozent und einen Gesamtumsatz von 1,5 Milliarden US-Dollar im Geschäft mit Kombucha aus. Die Verpflichtung eines Experten für Gärgetränke als Leiter des neuen Tee-Entwicklungszentrums in China macht so gesehen durchaus Sinn.

Bubble Tea

Seit der Mitte der 1980er Jahre verbreitete sich, von Taiwan über Japan und Kalifornien, ein anderes Modegetränk mit Tee, das seit 2009 auch im deutschsprachigen Raum in eigenen Bubble-Tea-Cafés oder Schnellrestaurants angeboten wird. Für den Bubble Tea oder Boba

Boba (chin. «Perle») wird gesüßter grüner oder schwarzer Tee mit Milch und Fruchtsirup versetzt und durch einen Strohhalm aus Gläsern oder Pappbechern getrunken, die mit farbigen Kügelchen aus Tapioka aufgefüllt werden. Die Kügelchen können auch aus Alginat-Gelee mit einer aromatisierten Zuckersirup-Füllung bestehen und platzen beim Zerbeißen. Das süß-verspielte Getränk löst bei jungem Publikum mehr Freude aus als bei Ernährungsexperten, die den oft extremen Zuckergehalt, die künstlichen Aromen und Azofarbstoffe kritisieren. Kinderärzte warnen davor, dass Kleinkinder sich an den 5–8 Millimeter großen Perlen verschlucken und ersticken könnten.

Bewegungen im internationalen Teemarkt

Das Geschäft konzentriert sich zunehmend auf internationale Konzerne unter dem Dach von Kapitalgesellschaften, die finanzkräftig genug sind, um substanzielle Investitionen in Ausbau und Neuentwicklungen in der Produktion und im Handel mit Tee abzusichern. Und da Investitionen getätigt werden, um möglichst hohe Renditen zu erzielen, stehen die Weltmarktführer unter Erfolgsdruck, immer höhere Absatz- und Gewinnzahlen auszuweisen. Dies treibt sie zu ständigen Innovationen unterschiedlichster Qualität und zu aufwändigem Marketing in den Bestands- und vor allem in den Entwicklungsmärkten. Da die Konzerne weltweit präsent sind, können sie die Standorte für ihre Produktion frei wählen. Dies geschieht nach Abwägung der besten geografischen, infrastrukturellen und politischen Rahmenbedingungen zur Ausweitung der Produktion für den internationalen Markt, der genau analysiert wird, vor allem im Hinblick auf gegenwärtige und künftige Tendenzen der Verbraucher und auf Potenziale für das eigene Geschäft.

China besetzt für das weltweite Teegeschäft eine zunehmend wichtige Schlüsselstellung als Quell- und Absatzmarkt. Die traditionellen Konkurrenten Indien, Sri Lanka, Kenia und Indonesien bleiben zum Teil weit hinter den Zuwachsraten Chinas zurück, vor allem im Export.

Bemerkenswert erscheinen auch die Eigentümerwechsel und Verkaufsaktivitäten, die in jüngster Zeit gerade bei den Großen im Markt verstärkt festzustellen sind: dass beispielsweise Unilever, wie oben erwähnt, die Weltmarke Lipton und sein gesamtes Tee-Portfolio an einen branchenfremden Investor verkauft. Oder dass Finlays Ende 2021 seine umfangreichen Plantagenbetriebe in Sri Lanka (30 Teegärten und 20 Produktionsstätten) an die private sri-lankische Investorengruppe Browns Investments PLC überträgt. Die eigenen Aktivitäten sollen konzentriert werden auf die Finlays Colombo Ltd., die Tees aus verschiedenen Höhenlagen und Gärten Sri Lankas abmischt oder weiterverarbeitet, verpackt und unter dem eigenen Label oder als Bulkware im Weltmarkt verkauft.

Die Vermutung, dass diese Entwicklungen in Zusammenhang stehen mit der kolonialen Vergangenheit des Teegeschäfts im Britischen Empire, ist sicher nicht von der Hand zu weisen. Denn auch in der britischen Öffentlichkeit werden die Schattenseiten des Empire und seine Folgen zunehmend kritisch diskutiert: Seriöse Medien wie BBC, große Zeitungen oder Stiftungen wie der National Trust berichten über dunkle Geldquellen für herrschaftliche Landsitze und zauberhafte Landschaftsgärten aus dem 18. Jahrhundert. Britinnen und Briten mit indischen, afrikanischen oder karibischen Wurzeln fragen nach ihrer Identität, ihrem Platz und ihren Aufstiegschancen in einer Gesellschaft mit gläsernen Decken zwischen den Klassen. Schulkinder und Studierende werfen Statuen von berühmten Sklavenhändler-Wohltätern in das Hafenbecken von Bristol und werden von Gerichten freigesprochen; oder sie wollen sie von der Fassade des Oxforder Oriel College entfernen, das Cecil Rhodes viel verdankt. Und Justin Welby, Erzbischof von Canterbury und oberster Repräsentant des anglikanischen Christentums, macht sich öffentlich Gedanken über Grabtafeln und Monumente in seiner Kirche für Männer, die in ihrer Zeit als Wohltäter der Gemeinde geehrt wurden, nachdem sie viel Geld im Sklavenhandel für die Plantagen des Empire verdient hatten: Ob deren Anblick nicht manche Gemeindemitglieder heute an der christlichen Botschaft zweifeln lassen könnte?

Gegenüber solchen möglichen Image-Beschädigungen und politisch umstrittenem Besitz von Plantagen in ehemaligen Kolonien sind gerade Weltfirmen, die auf ihr internationales Ansehen achten müssen, hochsensibel.

X.

TEEPLANTAGENWIRTSCHAFT
UND DAS ERBE DES
BRITISCHEN EMPIRE

Die Zeit scheint in der Tat reif für eine offene Auseinandersetzung mit den Spätfolgen europäischer Kolonialherrschaft in den Teeländern, die bis heute als Probleme nachwirken. Die Symbiose von Tee und dem Britischen Empire ist in ihren historischen und gesellschaftlichen Dimensionen umfassend dargestellt von Erika Rappaport, Professorin für Europäische Geschichte der University of California, Santa Barbara (*A Thirst for Empire – How Tea Shaped the Modern World*, 2017).

Die aktuelle Auseinandersetzung findet auch statt in deutschen Fernsehdokumentationen, Printmedien und Untersuchungen von Entwicklungs- und Menschenrechtsorganisationen wie Oxfam und Rosa-Luxemburg-Stiftung. Eine WDR-Reportage über die Teeproduktion auf Plantagen des kenianischen Kericho zeigt u. a. die Behinderung der Reportagearbeit vor Ort durch Betretungsverbote, das Arsenal an frei verkäuflichen, hochgiftigen Pestiziden in den Läden und den Einsatz eines Sprühflugzeugs mit Pflanzenschutzmitteln über den Plantagen, während dort weiter gepflückt wird. Und Ärzte äußern sich über die einschlägigen berufsbedingten Krankheiten, mit denen Arbeitskräfte regelmäßig ihre Praxis aufsuchen.

1. Gerichtsprozess in Schottland

Ein weiteres Beispiel unter vielen anderen liefert ein Artikel der Londoner *Sunday Times* (Emily Dugan, 10. 10. 2021) unter dem Titel: «The crippling cost of your cuppa: Kenyan workers sue British company» («Die Kosten für deine Tasse Tee machen Menschen zum Krüppel: Kenianische Arbeiterinnen verklagen britische Firma»). Rebecca Nyakondo und sechs weitere Teepflückerinnen aus Kenia hätten seit 2017 vor einem schottischen Gericht Klage eingereicht auf Schadenersatz für chronische Rückenschäden. Durch jahrzehntelange Akkordarbeit auf den Plantagen seien sie zu arbeitsunfähigen, von Dauerschmerzen geplagten Krüppeln gemacht worden, in einem Fall im Alter von 47 Jahren. Den Tageslohn von ca. 1,50 britischen Pfund (1,80 Euro) für 12 Stunden Pflücken unter einem Korb von 20 Kilogramm Gewicht hätten sie oft aufgebessert, um ihre Familien durchzubringen, und manchmal bis zu 50 Kilogramm geschleppt.

Die verantwortliche Firma befürchtet aus triftigem Grund einen Präzedenzfall sowie Image- und Geschäftsschaden für die gesamte Branche, nachdem das Verfahren in Großbritannien zu einer Sammelklage von 1300 Teepflückerinnen ausgeweitet und im Januar 2022 zugelassen wurde. Die Firmenzentrale hat ihren Sitz zwar in London, die Verwaltung ist aber in Aberdeen registriert. Deshalb wurde der Prozess in Edinburgh anhängig gemacht.

Die Anwälte der Firma wollen den Prozess allenfalls vor einem kenianischen Gericht verhandelt sehen – sie werden wissen, warum – und sie haben Beweisaufnahmen vor Ort durch ausländische Gutachter lange verhindert. Sie weisen darauf hin, dass die Tee-Ernte auf den eigenen Plantagen inzwischen fast vollständig maschinell erfolge und der Tee in Wagen zu den Fairtrade-zertifizierten Fabriken transportiert werde. Auf anderen Plantagen sei Handpflückung allerdings noch gängige Praxis.

Derartige Arbeitsbedingungen sind in der Tat nicht außergewöhn-

*Rebecca Nyakondo, Tee-
pflückerin aus Kenia*

lich und keineswegs auf Tee- oder Kaffeeplantagen in Kenia beschränkt, wie Menschenrechtsorganisationen seit Jahren kritisieren. Die *Sunday Times* zitiert den kenianischen Anwalt Isaac Okero: «Viele Firmen können weiterhin das koloniale Geschäftsmodell fortführen und lange nach dem Ende des Empire unter erbärmlichen Arbeitsbedingungen Profite erwirtschaften und außer Landes schaffen ... Unglücklicherweise enden viele Kenianer im Elend, damit guter Tee billig zu haben ist.»

Großer Landbesitz und Plantagenwirtschaft ausländischer Firmen ist vor allem in ehemaligen Kolonien wie Kenia oder Sri Lanka politisch brisant. In Kericho und anderen betroffenen Gegenden Kenias fordern Aktivistengruppen Reparationen von der britischen Regierung für Zwangsenteignungen von Ackerland in den 1920er Jahren. Der lange Schatten der blutigen Mau-Mau-Befreiungskämpfe fällt auch auf diese aktuellen Auseinandersetzungen, und die politischen Verhältnisse in Kenia wie in vielen anderen postkolonialen Staaten sind alles andere als stabil.

Es bleibt abzuwarten, wie sich das Teegeschäft von Finlays, Unilever und anderen Unternehmen, die große Anbauflächen in Kenia besitzen, künftig unter diesen Voraussetzungen entwickeln wird. Die einseitige Ausrichtung auf CTC-Schwarzteeproduktion und die stetige Erhöhung der Erntemengen hat zu einem Überangebot an Billigtee und entsprechendem Preisverfall auf den Mombasa-Auktionen geführt – mit gravierenden Auswirkungen auf die kleineren Teebauern und den Weltmarkt. Die machen vor allem Indien und Sri Lanka zu schaffen, den von Kenia entthronten Exportweltmeistern von gestern.

2. Plantagenwirtschaft im Empire

Als der Teeanbau in Assam und Darjeeling – wie später in Sri Lanka – von der East India Company eingeführt wurde, griffen die Kolonisatoren auf das System der modernen Plantagenwirtschaft in ausgedehnten Monokulturen zurück, das sich in Lateinamerika, der Karibik und den Südstaaten der USA als höchst profitabel erwiesen hatte, vor allem im Rohrzucker- und Baumwollhandel. Vorindustrielle Plantagenproduktion basiert auf Handarbeit, ist personalintensiv und bringt besonders in tropischen Klimazonen gesundheitliche Extrembelastungen und Gefahren mit sich. Bekanntlich wurde deshalb von den europäischen Kolonialmächten seit dem 16. bis ins späte 19. Jahrhundert der Handel mit schwarzen, von der afrikanischen Westküste über den Atlantik verschleppten Sklaven aufgenommen. Die Zahl derjenigen, die den mörderischen Seetransport überlebten, auf Auktionen verkauft wurden und dann als Sklaven arbeiten mussten, wird auf 10–12 Millionen geschätzt – eines der finstersten und bis heute folgenreichsten Kapitel der europäischen Kolonialgeschichte.

Den neuen Kaffee- und Teeplantagen in Indien und Sri Lanka blieb die Geißel der Sklaverei weitgehend erspart. In England hatten sich Forderungen nach Abschaffung der Sklaverei im 18. Jahrhundert gemehrt, der Handel mit Sklaven war seit dem Slave Trade Act im Jahr 1807 gesetzlich verboten, und mit dem Slavery Abolition Act wurde 1833 auch die Sklaverei als Institution abgeschafft – allerdings mit der bezeichnenden Ausnahme der Besitzungen der East India Company; Ceylon und St. Helena sind eigens erwähnt. Erst 1843 wurde diese Ausnahmeregelung für die Überseegebiete der EIC aufgehoben.

3. Sri Lanka

Als auf den Plantagen der eroberten Gebiete auf dem indischen Subkontinent Arbeitskräfte in großer Zahl gebraucht wurden, sich zum Beispiel in Ceylon die Singhalesen aber weigerten, auf ihrem eigenen Land als Plantagenarbeiter unter den neuen Kolonialherren zu dienen, verfielen die Briten auf eine andere Lösung. Sie brachten Tamilen aus armen Regionen Südindiens auf die Insel, die sie mit Verträgen (als *bonded labourers*) an die Plantagen banden. Ihnen wurde auf dem Gebiet der Plantage eine bescheidene Wohnsiedlung eingerichtet mit Unterkunft, Hindutempel, Kinderbetreuung und anderen sozialen Leistungen, dazu kamen meist eine kleine Anbaufläche zur Selbstbewirtschaftung und Zugang zu ärztlicher Versorgung. Die geringen Löhne wurden nach dem Akkordsystem gezahlt. Wer nicht arbeitete, erhielt kein Geld. Auf diese Weise blieben die Arbeitskräfte, vor allem die Pflückerinnen, an die Plantage als Arbeitgeberin und Lebensraum gebunden und verharrten in nahezu völliger Abhängigkeit von den Plantagenbesitzern. Es herrschte eine strenge Hierarchie, in der die oberen Ränge von Briten oder Singhalesen besetzt waren.

Im Wesentlichen dauert dieser Zustand bis in die Gegenwart an, auch wenn die meisten Plantagen seit der Unabhängigkeit Sri Lankas ihre Besitzer gewechselt haben. Bis heute leben diese Hill Country Tamils in ihren Enklaven, haben kaum sozialen Umgang mit der Bevölkerungsmehrheit der Singhalesen, deren Sprache sie in der Regel nicht sprechen, und gehören zu den ärmsten Bevölkerungsgruppen Sri Lankas. Nach politischen Auseinandersetzungen mit Indien über die Frage der Nationalität dieser Gruppe einigten sich die Regierungen in den 1960er Jahren: 40 Prozent erhielten die sri-lankische Staatsangehörigkeit, viele wurden repatriiert nach Indien, andere blieben zunächst staatenlos; erst 2003 wurden die letzten «Bergtamilen» zu Staatsbürgern Sri Lankas. Ihre Interessen werden gewerkschaftlich und politisch vertreten, sie bilden das Rückgrat der für die Insel wichtigen Teeindustrie und sie stellen auch einen eigenen Minister in der Regierung.

Diese Bergtamilen waren übrigens nicht beteiligt am blutigen Bürgerkrieg der «Tamil Tigers», und sie sehen sich als eigenständige, von den sogenannten Sri-Lanka-Tamilen der «Tigers» völlig unabhängige Gruppe. Lange vor der Kolonialzeit waren Tamilen im Norden und Osten Sri Lankas ansässig im alten tamilischen Königreich Jaffna (1215–1624). Ihre Nachfahren stellten als Lanka-Tamilen im britischen Ceylon einige der fähigsten Geschäftsleute und Angehörige der akademischen Berufe. Nach der Unabhängigkeit sahen sie sich systematisch benachteiligt durch die nationalistische UNP-Regierung, die unter anderem Singhalesisch als einzige Landessprache vorzuschreiben suchte und damit die zunehmende Spaltung der Gesellschaft und die Radikalisierung der «Tamil Tigers» provozierte. Der Bürgerkrieg wurde 2009 blutig beendet durch die Armee; die Spannungen dauern bis heute an.

4. Assam

Dasselbe System einer Plantagenwirtschaft mit migrantischen Vertragsarbeitskräften wandten die Teepflanzer des Britischen Empire in Indien an. Auf die Plantagen Assams wurden Teepflückerinnen und ihre Familien aus Zentralindien umgesiedelt. Sie gehörten zu anderen Ethnien; ihre Nachfahren sind bis heute politisch und kulturell nicht integriert, oft Analphabeten und verarmt. Ihre Vorgesetzten und Aufseher, die gefürchteten *Kanganies*, waren meist eingesessene Assamesen oder Bengalis, die einer anderen Kaste angehörten, eigene Sprachen sprachen, auf die Pflückerinnen herabsahen und sie drangsalierten. Mit Billigung der Pflanzer wurden Pflückerinnen oft betrogen beim Wiegen des gepflückten Tees, bei Aufmüpfigkeit entlassen oder nicht bezahlt, körperlich misshandelt oder sexuell missbraucht. Sie lebten in einem ständigen Klima der Angst und extremer Armut. Da die Teeplantagen sich oft in entlegenen Gegenden befinden, war Kontakt zur Außenwelt schwierig und unerwünscht. Gewerkschaftliche Aktivitäten waren verboten von der Kolonialverwaltung.

5. Plantations Labour Act

Die indische Regierung hat nach der Unabhängigkeit versucht, dieses koloniale System der institutionalisierten Ungerechtigkeit und Ausbeutung per Gesetz abzuschaffen und 1951 den Plantations Labour Act verabschiedet. Dieser regelt bis in Einzelheiten Mindestlöhne sowie die Rechte und Pflichten von Plantagenbesitzern und etwa einer Million Arbeitskräften landesweit und ist – mit einigen zwischenzeitlichen Novellierungen – bis heute in Kraft.

Plantagen sind im Gesetz definiert als landwirtschaftliche Produktionsflächen von mindestens 5 Hektar und mit mindestens 15 Arbeitskräften, zusammen mit allen angegliederten Institutionen wie Krankenhäusern, Apotheken und Schulen. Sie müssen innerhalb von 60 Tagen nach Gründung offiziell registriert werden und unterliegen regelmäßiger Inspektion durch die Regierung des jeweiligen Bundesstaates, die auch die Umsetzung der gesetzlichen Vorgaben festlegt und überwacht.

Plantagenbesitzer sind gesetzlich verpflichtet, freie Unterkunft für Arbeitskräfte und ihre Familien sowie medizinische Versorgung durch qualifiziertes Personal in Krankenstationen zu stellen und den Schulbesuch der Kinder zu ermöglichen. Außerdem haben die Vertragskräfte Anspruch auf Sachleistungen: Brennholz, kostenlosen Reis bzw. Weizen (ca. 25 kg pro Monat pro Person, zudem die Hälfte der Ration für jedes Kind) und Tee. Auch ein Stück Gartenland zur Selbstversorgung muss vom Plantagenbesitzer zur Verfügung gestellt werden.

Arbeitszeiten und Grundvergütungen für eine Mindestpflückleistung sowie Zulagen für Mehrleistungen werden von der zuständigen Regionalregierung mit Plantagenbesitzern und Gewerkschaften ausgehandelt; sie sind in allen Teegärten eines Bundesstaates gleich. Während der Haupterntesaison wird eine Leistungszulage von derzeit 20 Prozent gezahlt. Für ein 1968 vom indischen Finanzministerium eingeführtes, steuerbegünstigtes Sparprogramm für Arbeitnehmer (Public Provident Fund) zahlt der Arbeitgeber zusätzlich 12,35 Prozent des Basislohns ein. Arbeiterinnen haben Anspruch auf 6 Monate Mutterschutz, 20 Tage bezahlten Urlaub und 2 Wochen Krankengeld.

Hauptprobleme liegen in der unterschiedlichen Umsetzung der Bestimmungen in den jeweiligen Bundesstaaten. Die Abhängigkeiten vom Plantagenbesitzer bestehen weiter, und besonders in Assam herrschen auf vielen Plantagen desolate Zustände bei den Unterkünften wie auch bei der Versorgung mit Grundnahrungsmitteln wie sauberem Trinkwasser, Reis und Tee; auch die Schul- und Gesundheitsversorgung ist wegen der großen räumlichen Distanzen zu den Institutionen oft problematisch. Löhne werden weiterhin nach dem Akkordsystem gezahlt und belaufen sich meist auf kaum mehr als die

Hälfte der gesetzlichen Mindestlöhne, die zum Beispiel auf den Plantagen in Südindien in voller Höhe gezahlt und regelmäßig angepasst werden. Familienmitglieder sind gezwungen, andere Tätigkeiten aufzunehmen, um Geld hinzuzuverdienen und die Familien zu ernähren. Um nicht das Wohnrecht zu verlieren, müssen die Pflückerinnen zur Arbeit erscheinen, aber häufige Krankmeldungen und Absenzen haben zur Folge, dass oft nur die Hälfte der Arbeiterinnen tatsächlich zur Verfügung steht. In der Erntesaison führt das zu erheblichen Verlusten für den Betrieb, denn die Plantagen müssen die vom Gesetz vorgeschriebenen Leistungen weiter erbringen.

Und sie müssen um das wirtschaftliche Überleben kämpfen in einer Gesamtsituation, die bestimmt wird durch die Billig-Konkurrenz im Weltmarkt und den scharfen Preiswettbewerb im indischen Teemarkt, wo mehr als 80 Prozent der Produktion Assams abgesetzt werden. Die *Economic Times India* berichtete zum Beispiel am 19. 09. 2021 über rasant steigende Importmengen von Tee aus Kenia und Nepal zu Kilopreisen von 1,70 US-Dollar, die dann als indische Mischungen im Binnenmarkt verkauft werden. Tee aus Assam, immerhin 50 Prozent der gesamten indischen Produktion, ist mit einem Durchschnittspreis von 2,50 US-Dollar pro Kilogramm nicht konkurrenzfähig. Wenn dann noch Corona-Lockdown und Extremwetterlagen als Folgen des Klimawandels hinzukommen, unter dem Teepflanzen besonders zu leiden haben, geht – wie 2020 – die Produktion um 26 Prozent zurück, wie *Business Today India* am 18. 08. 2020 berichtete.

Es ist nicht verwunderlich, dass Plantagen unter diesen Bedingungen keine notwendigen Investitionen mehr tätigen können oder ganz aufgeben müssen – mit katastrophalen Folgen für die Beschäftigten, die Einkommen und soziale Absicherung verlieren. Manche enden dann in den Slums der Großstädte, andere, die ein Stück Land besitzen, müssen als «unabhängige Kleinbauern» selbst angebauten Tee zu Minimalpreisen an freie Teefabriken verkaufen. Schätzungen gehen davon aus, dass inzwischen fast die Hälfte des Assam-Tees auf diese

Weise produziert wird. Wegen mangelnder Qualität und hoher Schadstoffbelastung gelangt er nicht in den Export, drückt aber auf das Preisniveau im Binnenmarkt.

6. Darjeeling

In der wesentlich kleineren Darjeeling-Region bietet sich ein übersichtlicheres Bild: Die 87 Plantagen, die Tee mit dem Darjeeling-Markenlogo erzeugen und verkaufen dürfen, haben kaum Konkurrenz durch «freie» Teebauern. Die migrantischen Arbeitskräfte sind seit Kolonialzeiten Gorkhas und Lepchas aus Nepal oder Sikkim. Sie bilden inzwischen die weitaus überwiegende Bevölkerungsmehrheit und als qualifizierte Facharbeiter auch das Stammpersonal auf den Plantagen, sowohl beim Ernten wie bei der Verarbeitung des Tees. Auch das Saisonpersonal, das während der Haupternten zusätzlich gebraucht wird, besteht mit wenigen Ausnahmen aus Gorkhas und Lepchas.

Der Plantations Labour Act gilt natürlich auch in Darjeeling, zum Teil mit ähnlichen Auswirkungen auf die Lebensbedingungen der Arbeitskräfte: soziale Absicherung bei geringer Bezahlung, Abhängigkeit von der Plantage, Fremdbeschäftigung und häufige Absenzen. Stärker als in Assam machen sich die Folgen des Klimawandels wegen der exponierten Lage im Hochgebirge bemerkbar, und die Erntemengen sind in den letzten Jahren kontinuierlich gefallen von ca. 10 000 Tonnen jährlich auf ca. 7500–8000 Tonnen.

Allerdings lebt Darjeeling in größerem Maß als Assam vom Export, der sich auf die Hauptsaison-Ernten konzentriert, für die beste Preise erzielt werden. Der First Flush (Mitte März bis Mitte Mai) erbringt 20 Prozent der Jahresernte, der Second Flush (Ende Mai bis Mitte Juli) 30 Prozent. Mit ihren Erträgen werden auch die Winterpausen und die Ernten über den Rest des Jahres gewissermaßen querfinanziert (Monsuntee, 45 %, und Herbsttee, 5 %), deren Verkaufserlöse

Erdrutsch in Darjeeling, 2021

kaum die Produktionskosten decken. Fast alle der – im Vergleich zu Assam viel kleineren – Teegärten in Darjeeling stehen wegen der hohen Belastungen durch die gesetzlichen Vorgaben, steigende Material- und Energiekosten für den Betrieb und durch die Folgen des Klimawandels wie Regenmangel oder Sturzfluten, die Teile von Plantagen einfach wegspülen, vor immensen wirtschaftlichen Problemen. Erntemengen fallen aus Klimagründen dauerhaft um 25–30 Prozent geringer aus. Politische Streiks für ein unabhängiges «Gorkhaland» sind häufig – wie im Jahr 2017, als 104 Tage lang während der Frühsaison nicht geerntet werden konnte und das Hauptgeschäft wegbrach. 30–40 Prozent der Pflückerinnen erscheinen nicht zur Arbeit. Und wenn seit 2020 wegen der Corona-Pandemie auch die Touristen wegbleiben, wird die Dramatik der Situation deutlich: Darjeelings Zukunft steht ernsthaft in Frage. Etliche Gartenbetreiber haben in den vergangenen Jahren aufgegeben und zum Teil weit unter früherem Wert verkauft.

XI.

DARJEELING UND
DEUTSCHLANDS TEEMARKT

1. *Studien und Medienecho*

Deutschland ist für Darjeeling-Tee einer der wichtigsten Export-
märkte, in den schätzungsweise ein Viertel der gesamten Ernte
geliefert wird. Deutsche Teefirmen tragen daher Mitverantwortung
dafür, dass Darjeeling eine Zukunft hat, auch wenn sie die gegen-
wärtigen Probleme nicht verursacht haben. Die Untersuchungen und
Appelle von Misereor, Oxfam, Rosa-Luxemburg-Stiftung und anderen
Organisationen, die vor allem die Lebenssituation der Teepflückerinnen anprangern, haben insofern durchaus ihre Berechtigung – allerdings eher im Hinblick auf Assam als auf Darjeeling. Auch während
des über dreimonatigen politischen Streiks im Jahr 2017 gab es in Darjeeling keine Hungersnot und keine Elendsszenen; das soziale Netz
erwies sich als stabil.

Ob der Blick durch die in Europa geschliffene, manchmal klassen-
kämpferisch getönte Brille die Verhältnisse in Indien, vor allem die
politischen und traditionsbedingten Machtgefüge und Einwirkungs-
möglichkeiten, schärfer durchschaut als die Betroffenen, erscheint in-
dessen fraglich. In Europa sind Feudalstrukturen, in denen Landbesit-
zer nach Gutsherrenart schalten und walten konnten, wie es ihnen
beliebte, vergangen und verpönt. Wenn es sie in anderen Weltgegen-

den und Gesellschaften noch gibt und wenn dort ihre positiven Seiten zugunsten der abhängig Beschäftigten wirken, sollte man bei der Beurteilung eher Zurückhaltung üben. Gerade in Darjeeling wird die hohe Qualität des Tees, die seinen Weltruf begründet, gewährleistet durch das persönliche Engagement der Gartenbesitzer und Manager, ihre hohe Fachkompetenz, Erfahrung im weltweiten Geschäft und ihre enge soziale Bindung und Fürsorgepflicht gegenüber den Mitarbeitern, deren Leistung sie besser einschätzen können als jeder Außenstehende. Schon im eigenen Interesse müssen sie sich darum kümmern, die Arbeitsbedingungen zu verbessern, um nachwachsende Generationen für die harte landwirtschaftliche Arbeit zu gewinnen und Abwanderung zu verhindern. Dass die meisten von ihnen – schwarze Schafe gibt es immer – dies auch wissen und in den letzten Jahren viele positive (und kostenträchtige) Verbesserungsmaßnahmen durchgeführt haben, trotz der prekären wirtschaftlichen Rahmenbedingungen, sollte anerkannt und nach Kräften unterstützt werden.

Wenn im Ergebnis methodisch stringenter und vielleicht gut gemeinter Untersuchungen Forderungskataloge an «die Teefirmen», «die deutsche Regierung» und «die indische Regierung» («Die Regierung muss …») gerichtet werden zur Änderung der gesellschaftlichen Macht- und Abhängigkeitsverhältnisse, stehen die Erfolgsaussichten nicht gut. Bei indischen Partnern – und ganz sicher bei Regierungsverantwortlichen – kommt diese Attitüde leicht als postkoloniale Bevormundung an, von der sie genug gehabt haben. Und mit polarisierenden Kampftiteln wie «Schwarzer Tee – weiße Weste» erreicht man bei deutschen Firmen kaum Bereitschaft zur Kooperation, die man braucht, wenn man Dinge zum Besseren für die Betroffenen ändern will.

Natürlich rauscht der Blätterwald in Deutschland voller Empörung, Fremdscham und kostenfreier Solidarität mit den armen ausgebeuteten Inderinnen, wenn solche Studien publiziert werden, zumal wenn indische Institutionen wie das seriöse Tata Institute of Social Sciences in Mumbai daran beteiligt sind – und es ist gut und notwendig, dass sie durch das Medienecho deutschen Verbraucherinnen und Verbrauchern ins Gewissen reden. Ob es allerdings sinnvoll ist, eine Fernsehcrew mit Redakteur und Schauspielerinnen nach Indien zu schicken, um vor Ort die Missstände filmisch zu dokumentieren und festzustellen, dass Arbeit in regennassen Hängen anstrengend ist und mit 2,50 Euro pro Tag erbärmlich bezahlt wird, dass Kuhdung stinkt und schmutzig macht, mag jeder selbst beurteilen. Und wenn dann eine der Aktricen als Fazit meint, dass sie in Zukunft lieber keinen Bio-Tee aus Indien mehr trinkt, macht sie Teepflückerinnen arbeitslos. Immerhin: Die Sendeanstalt hat damit eine halbe Stunde Dokumentation gefüllt und Haltung gezeigt.

Einseitig schwarzmalerische Darstellungen, die sich auf die in der Tat mancherorts schlimme Lebenssituation der Pflückerinnen beschränken, blenden deutlich positive Aspekte ihrer Lage im Vergleich zu anderen indischen Arbeiterinnen aus, ebenso wie Verbesserungen in den letzten Jahrzehnten, die zum Gesamtbild ebenso gehören wie die prekäre wirtschaftliche Lage der meisten Teegärten.

2. Kooperationsprojekte

Einen nicht unwesentlichen Anteil an positiven Entwicklungen für Darjeeling hat die langfristige und enge Zusammenarbeit mit engagierten, qualitäts- und umweltbewussten deutschen Teehändlern: Traditionsfirmen im Umfeld des Hamburger Hafens, in Bremen, Emden, Leer und Frankfurt, aber auch relativ junge Unternehmen mit anderen Geschäftskonzepten wie das Franchise-System Gschwendner und die Berlin-Potsdamer Teekampagne.

3. Bio-Pioniere in Darjeeling

Tea Promoters India

Es war eine glückliche Fügung, dass bei einigen Akteuren in Darjeeling in den 1970er und 1980er Jahren die Einsicht reifte, dass nachhaltiges Wirtschaften für die Teegärten auch geschäftlich und langfristig Vorteile verspricht. Ein Beispiel dafür liefern die Tea Promoters India der Familie Mohan, die in der dritten Generation fünf Darjeeling-Gärten ausschließlich ökologisch betreibt. Gautam Mohan, der jetzige Juniorchef, ist seinen Vorfahren dankbar, dass sie Bio-Landbau als eine Lebenseinstellung ansehen. Vater und Großvater hatten ihn nach Hessen geschickt, wo er auf einem Demeter-Hof gearbeitet und praktisch erfahren hat, dass ein gesunder Boden keinen chemischen Dünger braucht, wenn die natürliche Balance eingehalten wird. Und «die Menschen dort leben, arbeiten und essen in einer gesunden Umwelt. Die Erfahrung dieser Balance habe ich nach Darjeeling in unsere Teegärten mitgebracht.»

Rajah Banerjee

Ein anderer Pionier der Bio-Landwirtschaft ist eine der schillerndsten Figuren im heutigen Darjeeling. Rajah Banerjee, 1943 geboren, war Erbe des Gartens Makaibari, den seine Familie seit 1859 besaß. Indischer Besitz eines Teegartens war noch 1907 die absolute Ausnahme, wie der *Darjeeling Gazetteer* mit der rassistischen Nonchalance der Empire-Gesellschaft feststellte: «Although the industry in the hills is now 50 years old, it is almost entirely in the hands of Europeans ... though educated natives are much cheaper than Europeans, it has not been found economical to employ them generally.» Rajahs Urgroßvater, der aus einer wohlhabenden bengalischen Landbesitzer-Familie stammte, hatte den Garten seinem Freund abgekauft, einem Hauptmann der EIC-Armee, der in den Sepoy-Aufstand von 1857 verwickelt gewesen war.

Nach der Schule in Darjeeling schloss Rajah ein Studium an der Londoner Universität ab, kehrte 1970 zurück und machte Makaibari zum ersten Darjeeling-Garten, der streng nach den biodynamischen Prinzipien Rudolf Steiners bewirtschaftet wurde. Als Pflanzer in der vierten Generation ließ er es sich über 44 Jahre hinweg nicht nehmen, täglich mit dem großen Pflanzerhut auf dem Kopf durch seine Plantage zu reiten, wenn er nicht unterwegs war. Und er war viel unterwegs, als Aushängeschild Darjeelings für die Welt, ein faszinierender Geschichtenerzähler für Journalisten, Filmemacher und Autoren wie den Amerikaner Jeff Koehler, der ein informatives und gut lesbares Buch über Darjeeling geschrieben hat (*Darjeeling. A History of the World's Greatest Tea*, 2015) – eine der Hauptquellen für die folgenden Ausführungen.

Rajah Banerjee ist engagierter Umweltschützer und hat Makaibari in eine «organische Oase» mit einem guten Waldbestand von 2 Millionen neu gepflanzten Bäumen umgewandelt. Mit dem Makaibari Joint Body hat er ein Gremium geschaffen, das sich beständig um die Verbesserung der Lebenssituation der Arbeitskräfte in der «Makaibari-Familie» kümmert. Vor allem die Frauen möchte er gewürdigt und gefördert sehen; eine Zeitlang erzählte er auch von seiner Absicht, Makaibari an die «Familienmitglieder» zu vererben, die seit Generationen zum Garten gehören.

Dieser Patriarch nach positiver Gutsherrenart verkauft nicht nur seine eigene Persönlichkeit, sondern auch den Makaibari-Tee mit glänzendem Marketing-Gespür und mit Erfolg. Der bei Mondlicht im Frühling gepflückte organische «Makaibari Silbernadel-Tee», kultiviert mit Steiner'schem Kuhhorn-Zauber, der natürlich zu Indien passt wie die Hand in den Handschuh, sollte der «exklusivste und teuerste Tee der Welt» werden. Die so beschworene Aura erinnert vage an den weißen Zeremonientee am chinesischen Kaiserhof, der von Jungfrauen mit weißen Handschuhen und goldenen Scheren gepflückt sein musste.

Die Auktion am 14. Juli 2003 in Kolkatas Nilhat House, bei Indiens

ältestem und größtem Tee-Auktionshaus J. Thomas & Co., war sorgfältig choreografiert vom Versteigerer: Zwei Kisten Makaibari Silver
Tips Imperial standen zu Gebot. Durch Flüsterpropaganda unter den
Brokern wurde er als feinster, reinster, mit guter kosmischer Energie
aufgeladener Darjeeling zum exklusiven Objekt der Begierde hoch-
gejubelt. Der erfahrene Auktionator hatte die Silver Tips ganz an den
Schluss der Versteigerungsliste gestellt, nach anderen Partien Assam
und relativ teurem Darjeeling, der im Schnitt 150 Rupien pro Kilogramm erbrachte (damals 3,25 US-Dollar), bei höherwertigen Blattgraden rund 300 Rupien.

Das Eröffnungsgebot für die «Tips Imperial» wurde mit 3000 Rupien angesetzt. Nach etlichen Bieterrunden und bis zum Zerreißen
gestiegener Spannung fiel der Hammer für einen Broker, der für zwei
internationale Teehändler bot, bei 18 000 Rupien pro Kilogramm – das
Sechzigfache des Normalpreises. Der Großhandels-Gesamtpreis für
die 55 Kilogramm Darjeeling-Tee, die bequem in zwei Koffern Platz
fanden, belief sich auf 20 000 US-Dollar. Der Weltrekord stand.

Weitere Leuchttürme für den Ruhm Makaibaris waren die Ernen-
nungen zum offiziellen Teepartner der Olympischen Spiele 2008 in
Beijing und der Fußball-Weltmeisterschaft 2014. Und als Premierminister Modi 2015 zum Staatsbesuch nach Großbritannien reiste,
überreichte er als Gastgeschenk für die Queen Rajahs Special Imperial
Needles aus Darjeeling – eine passende und sicher hochwillkommene
Reverenz gegenüber der beliebtesten und anspruchsvollsten Teetrinkerin im Vereinigten Königreich: Immerhin verdanken Indien und besonders Darjeeling dem Britischen Empire ihre Teekultur. Und König
George VI., der Vater der Queen, war bis 1947 der letzte Kaiser von
Indien.

Im Sommer 2013 folgte ein langsames Erwachen aus Rajahs idea-
listischem Traum der Übereignung von Makaibari an die Mitarbeiterinnen. Seine Söhne zeigten kein Interesse an einer Übernahme seiner
Rolle, seine Pflanzerkollegen prophezeiten das wirtschaftliche Ende
Makaibaris spätestens ein halbes Jahr nach Übergabe, wenn kein ein-

gespieltes kooperatives System als Rückgrat zur Verfügung stünde.

Im Juni 2014 verkaufte Rajah Banerjee 90 Prozent der Makaibari-Anteile heimlich an die Luxmi-Gruppe aus Kolkata, für rund 200 Millionen Rupien, etwa 3,5 Millionen US-Dollar. Er selbst sollte weiter die Plantage leiten und lebenslanges Wohnrecht haben. Die Luxmi Holding besitzt 17 Teegärten in Assam und Nordostindien und produziert jährlich etwa die doppelte Menge von ganz Darjeeling. Weitere Geschäftsfelder des Konzerns sind Immobilien und Teppichhandel, er ist u. a. Eigentümer von Obeetee, dem größten Produzenten und Exporteur von handgeknüpften Teppichen. Wie zu erwarten, ergaben sich bald Differenzen zwischen der Konzernleitung von Luxmi und dem «Lord of Darjeeling», der Makaibari und sich selbst zur Legende gemacht hatte. Und als dann 2017 sein Bungalow aus Kolonialzeiten abbrannte, sah er die Zeit zum Abschied gekommen, verließ Makaibari und gab alle Leitungsfunktionen ab.

Ruhe ist aber noch (hoffentlich) lange nicht in Sicht für das Pflanzer-Urgestein: 2018 gründete er die Artisanal-Tea-Marke Rimpocha und betreut als Mentor junge Nachwuchspflanzer. 2020 ließ er sich zum Gründungsvorsitzenden des Selim-Hill-Kollektivs wählen, das dem Traditionsgarten Selim Hill neues Leben einhauchen soll. Bei seinem Talent stehen die Aussichten dafür nicht schlecht.

Günter Faltin

Mitte der 1980er Jahre traf Rajah Banerjee eine andere, später für Darjeeling wichtige Persönlichkeit, die viele seiner Überzeugungen teilte, vor allem die Einsicht, dass wir in den Industrieländern mit unserer Art zu wirtschaften und der einseitigen Fixierung auf Wachstum und Profit den Planeten ruinieren. Und dass, wenn wir unseren Nachfahren eine lebenswerte Zukunft ermöglichen wollen, dringend nachhaltige Alternativen geschaffen werden müssen. Was heute «grüne» Bewegungen mehrheitsfähig gemacht hat und Schulkinder in der Fridays-for-Future-Bewegung weltweit zu Protesten auf die Straßen treibt, war damals schon die nüchterne Erkenntnis des Ökonomen Günter Faltin, die ihn nach Darjeeling geführt hatte. Der freundliche, groß gewachsene Professor der Wirtschaftswissenschaften aus Deutschland war in den Teegärten unterwegs und erkundigte sich neugierig, ohne große fachliche Vorkenntnisse, aber bis in Einzelheiten genau nach allem, was mit Anbau und Handel des Tees zusammenhängt. «The Professor» wurde für Günter Faltin zum halb respektvollen, halb ironischen Referenznamen bei den gestandenen Teeprofis. Dass er sich gern etwas außerhalb der Norm bewegte, signalisierte schon die Bezeichnung seines Lehrstuhls an der Freien Universität Berlin. «Professor für Entrepreneurship» – den franko-englischen Sprachbastard musste man auch deutschen Studierenden zunächst übersetzen, dann erläutern: Der Studiengang bereitet Studierende der Wirtschaftswissenschaften auf eine Tätigkeit als Unternehmerin oder Unternehmer vor. Dabei steht – neben der Beherrschung des betriebswirtschaftlichen Instrumentariums zu Organisation und Management einer erfolgreich arbeitenden Firma – die innovative, werteorientierte und tragfähige Geschäftsidee im Zentrum, die sich in einem selbstständigen Unternehmen im Markt behaupten kann. Sie vor allem verleiht dem Entrepreneur ein deutlich anderes Profil als dem klassisch geschulten, primär oder ausschließlich an Gewinn und Wachstum der von ihm geleiteten Firma orientierten Geschäftsführer oder Inhaber.

Als Laboratorium für die praktische Umsetzung solcher Geschäftsideen gründete Günter Faltin 1985 in Berlin die Projektwerkstatt GmbH, die heute in Potsdam ansässig ist, und als Beispiel für ein werteorientiertes, in vielfacher Hinsicht neuartiges Unternehmen die Teekampagne.

4. Teekampagne

Auf den Tee war Günter Faltin gekommen, weil er festgestellt hatte, dass der Ladenpreis in Deutschland zehnmal höher war als der Einkaufspreis in Indien. Der Ökonom fand die Ursachen für diese enorme Preisspanne bald heraus: Die Einzelhandelsgeschäfte, meist in guten Lauflagen der Innenstädte angesiedelt, beziehen ihr breit gefächertes Sortiment an schwarzen, grünen oder anderen Tees vom Groß- oder Zwischenhandel in verkaufsfertigen, handlichen Dosen oder Packungen mit 50–250 Gramm Inhalt. Die müssen sie zum Teil im Laden präsentieren, zum Teil in geeigneten Räumlichkeiten lagern. Mit Sonderaktionen, attraktiver Schaufenstergestaltung, Werbung in Medien und anderen Marketingmaßnahmen versuchen sie mehr oder weniger erfolgreich, Kunden anzusprechen und Umsätze zu erzielen.

Jeder einzelne Zwischenschritt vom Produzenten bis zum Kunden verursacht Kosten, die den Preis in die Höhe treiben. Also stellte man in der Projektwerkstatt jeden dieser Schritte auf den Prüfstand: War er notwendig? Konnte man es auch anders, qualitativ gleichwertig oder besser, aber billiger für den Kunden machen? Die Antworten auf die einfachen Fragen begründen bis heute das Geschäftsmodell der Teekampagne:

Der Tee wird nicht im Zwischenhandel, sondern direkt beim Produzenten in Indien gekauft – so kann man Wünsche anmelden und besprechen, Mängel beanstanden oder Verbesserungen anregen, wie etwa den Übergang zu den heute ausschließlich angebotenen Bio-Produkten. Häufige Besuche stärken ein unmittelbares Vertrauensverhältnis, man spart die Margen des Zwischenhandels und zahlt stattdessen den Produzenten einen fairen Preis weit oberhalb des Weltmarktniveaus. Statt des breiten Sortiments gibt es nur einen Tee, einen als sehr gut bekannten Darjeeling First Flush (so fing es an, inzwischen ist das Angebot erweitert um Second Flush, Assam-Bio-Tee und Earl Grey). Der wird nur einmal pro Jahr produziert – wie Wein oder Rübenzucker: in einer Kampagne – und anders als zum Beispiel Kaffee verbrauchsfertig geliefert. Für den Rest des Jahres wird er nur noch gelagert; das können Kundinnen und Kunden unter Beachtung einfacher Vorsichtsmaßnahmen genauso gut zu Hause. Die Verpackung in aromasicheren Ein-Kilogramm-Großpackungen erspart viel Arbeits- und Materialaufwand beim Abpacken und Etikettieren: statt zehn Tüten nur eine, statt zwanzig Etiketten für Vorder- und Rückseite nur zwei. Der Verkauf ausschließlich per Versand erspart hohe Kosten für Laden- und Lagermieten, Präsentation und Verkaufspersonal im Ladengeschäft, außerdem Zeitaufwand, Parkgebühren und Umweltbelastung durch Liefer- und Einkaufsverkehr für Lieferanten und Kunden. Im Idealfall bestellt der Kunde die gesamte Jahresmenge, auch per Sammelbestellung mit Freunden. Das Internet wurde sehr früh genutzt zur flexiblen, zeitnahen und kostengünstigen Angebotspräsentation, Information und zur Bestellung. Zugunsten einer offenen Kommunikation wurde verzichtet auf klassische Markenwerbung in der Überzeugung, dass fairer Handel, Qualität und Preis besser für das Produkt sprechen als Gebrauchslyrik oder geschönte Fotos. Diese transparente Verbraucheraufklärung ist durchgängig: Auf jeder Packung finden sich die Herkunftsangaben und Chargennummern, damit das Produkt online rückverfolgbar ist, ebenso wie die Testergebnisse des Labors für die betreffende Charge, sogar der Name des Containerschiffs (auf Flugzeugtransport wird wegen des CO_2-Abdrucks verzichtet) sowie Zielhafen und Datum des Transports.

Völlig unüblich für ein Handelsunternehmen, wird auch die sonst streng geheime Preiskalkulation offengelegt, aus der Kosten und Margen hervorgehen. Demnach werden rund 50 Prozent des Preises, den Kunden für den Tee bezahlen, beim Einkauf an die Produzenten gezahlt – ein Mehrfaches des branchenüblichen Prozentsatzes. Dieses den Produzenten gegenüber faire Geschäftsgebaren versetzt diese in die Lage, die Produktionsbedingungen zu verbessern im Sinne von Umweltfreundlichkeit und Nachhaltigkeit. Wenn beispielsweise im

Echtheitssiegel des Tea Board India

Labor Schadstoffe gefunden wurden, die durch Verbrennung von Kohle bei Trocknungsprozessen in den Tee gelangten, wurden schadstofffreie Heiztechniken installiert, auch wenn sie höhere Betriebskosten verursachen. Den Teepflückerinnen höhere Löhne zu zahlen, ist wegen der gesetzlichen und tarifrechtlichen Rahmenbedingungen nicht unmittelbar möglich. Aber in einigen Gärten wurden mit Fairtrade-Prämiengeldern Dinge beschafft, die ihnen den Alltag erleichtern, zum Beispiel nach individueller Auswahl: Fahrräder für den Weg zur Arbeit, warme Decken, Reiskocher oder Wasserfilter.

Die Qualitätssicherung erfolgt, wie oben beschrieben, in mehreren Schritten in Indien und in Deutschland: Es werden ausschließlich zertifizierte Tees der höchsten Blattgradierung und aus biologischem Anbau gekauft, viele davon mit dem anspruchsvollen Naturland-Zertifikat ausgezeichnet. Jede Partie wird von einem unabhängigen Labor geprüft; bei Überschreitung gesetzlicher Grenzwerte wird nicht gekauft. Unabhängige Teetester prüfen den Geschmack jedes Tees in Blindverkostungen. Das amtliche Logo des Tea Board India für Darjeeling bzw. Assam beglaubigt, dass es sich ausschließlich um echten Tee der Anbauregion handelt – Fälschungen, von denen viele auf dem Markt sind, sind garantiert ausgeschlossen.

Im Ergebnis konnte der Darjeeling der Teekampagne zu einem Preis angeboten werden, der nicht einmal halb so hoch war wie in Ladengeschäften – für dieselbe Teequalität.

Unter Teefreundinnen und Teefreunden, schon immer kommunikativ veranlagt, sprach sich das Angebot schnell herum. Es dauerte 3–4 Jahre, dann war die Teekampagne dank des Schneeballeffekts von persönlicher Empfehlung und klarer Kommunikation anstelle teurer Werbung dem studentischen Milieu ihres Ursprungs entwachsen. Mit heute ca. 200 000 Kunden ist sie zu einem ernst genommenen Akteur im Markt geworden – sicher bei der Konkurrenz und den deutschen Verbrauchern, aber dank rapide steigender Umsätze, guter und prompt gezahlter Preise und verlässlicher Abnahmezusagen auch bei den Produzenten in Darjeeling. Immer mehr von ihnen waren danach bereit, die Umstellung auf kontrolliert biologische Produktion zu wagen, die mit 20–30 Prozent höheren Kosten verbunden ist, und es bildeten sich über die Jahre vertrauensvolle Geschäftspartnerschaften mit Teegärten, die den strengen Qualitätsanforderungen entsprechen wollten.

Da auch andere – vor allem deutsche – Unternehmen der wachsenden Nachfrage nach Bio-Tee entsprechend orderten, setzte sich auf Seiten der Produzenten in Darjeeling eine unternehmerische Qualitäts- und Nachhaltigkeitsphilosophie durch, und es kam zu neuen Firmenkonzentrationen und Partnerschaften. Damit ging auch die Schaffung verbesserter Lebens- und Arbeitsbedingungen für Stammpersonal und zum Teil auch für Saisonkräfte einher, die für die Erntezeiten gebraucht werden.

Ein gutes Beispiel liefert die Chamong-Gruppe, zu der inzwischen 13 der 87 Teegärten Darjeelings gehören – seit vielen Jahren für deutsche Importeure der wichtigste Partner unter den Produzenten. Das in Kalkutta ansässige Unternehmen der Familie Lohia begann 1916 im Hochland von Assam, wo es fünf Gärten besitzt. Es ist heute mit entsprechender Erfahrung und Know-how, professionellem Management und ständiger technischer Innovation im internationalen Teegeschäft erfolgreich.

Von der Jahresproduktion von rund 3600 Tonnen (2100 t aus Assam und 1500 t aus Darjeeling) sind 2860 Tonnen «organic tea». Seit

2012 sind alle 13 Darjeeling-Gärten auf Bio-Produktion umgestellt, großenteils über die EU-Normen hinaus Naturland- und Fairtrade-zertifiziert und damit strikter Qualitätskontrolle, auch auf Einhaltung von Sozialstandards, auf allen Stufen unterworfen. Für mehr als drei Viertel der Jahresmenge bestehen feste Liefervereinbarungen mit Händlern in aller Welt, schwerpunktmäßig auch Deutschland. Diese langfristigen Abkommen geben beiden Seiten die nötige Planungs- und Handlungssicherheit, schützen vor Preisverfall und Spekulationsgewinnlern und spiegeln die gemeinsame Verantwortung für das Ziel der nachhaltigen Sicherung und Verbesserung der Qualität.

Die Teekampagne ist inzwischen zum weltweit größten Einzelimporteur von Darjeeling-Tee – noch vor den internationalen Konzernen – gewachsen, wie das Tea Board India feststellt, und sie weist dank ihres professionellen Managements beständig maßvoll kalkulierte und transparent gemachte Gewinne aus, wie jede Firma, die überleben will.

Einen substanziellen Teil davon reinvestiert sie in Nachhaltigkeitsprojekte – wie seit 1992 in ein Wiederaufforstungsprogramm zur Verhütung der Bodenerosion, das in ihrem Auftrag vom WWF India in Darjeeling durchgeführt wird. 240 Hektar wurden seither wieder aufgeforstet, 22 Baumschulen errichtet und Umwelterziehung in 13 Schulen initiiert.

Für ihr Unternehmensmodell, das erfolgreich einen Ausgleich zwischen ökologischen, sozialen und wirtschaftlichen Interessen sucht, wurde die Teekampagne mehrfach ausgezeichnet, in Deutschland unter anderem mit diversen Nachhaltigkeitspreisen und dem Deutschen Gründerpreis (2009). Auf internationaler Ebene hat sie einen Fairtrade Award für ihren Einsatz zugunsten fairer Handelsbeziehungen mit den Ländern des globalen Südens erhalten. Im Jahr 2021 wurde sie, aus 346 Bewerbern aus ganz Europa, von einer internationalen Experten-Jury mit der Gold Trophy des European Green Award ausgezeichnet.

Zum Engagement deutscher Teehändler gehört auch ihr Beitrag

zum Kampf um den Schutz der Marke Darjeeling, den das Tea Board
India gemeinsam mit den Teegärten und mit Unterstützung des seriö-
sen Teehandels führt. Darjeeling erzeugt pro Jahr zwischen 8000 und
10 000 Tonnen Tee. Als «Darjeeling» verkauft werden nach Schätzung
des Tea Board etwa 40 000 Tonnen: drei Viertel davon Etikettenschwin-
del, Verschnitt mit anderen Tees oder vollständige Fehldeklaration.
Im Sommer 2012 hat die EU nach langem Zögern endlich beschlos-
sen, mit einer Übergangsfrist von fünf Jahren Darjeeling-Tee den
Status einer Regionalmarke mit geschützter Ursprungsbezeichnung
zu gewähren wie Scotch, Cognac oder Champagner.

5. Zukunftsperspektiven

Dieser Markenschutz für Darjeeling kann sicherlich einen wichtigen
Beitrag zur weltweiten Verkaufsförderung leisten. Die großenteils
ererbten Probleme aus der kolonialen Plantagenwirtschaft, die für
Darjeeling wie für andere Teeregionen Indiens existenzbedrohend
sind, werden sich damit allein allerdings nicht lösen lassen. Die perso-
nalintensive Produktionsweise mit Handpflückung und vielerorts
veraltetem Maschinenpark rechnet sich allenfalls noch für Exporttees
der höheren Qualitätsstufen aus den Himalaja-, Nilgiri- und einigen
Assam-Gärten.

Neuer Plantations Labour Act

Selbst dort müssen tiefer liegende Probleme, die sich mit der Klima-
krise noch verschärfen werden, von den Zentral- und Regionalregie-
rungen im Dialog mit den Interessenvertretern von Teeproduzenten
und Arbeitskräften analysiert und – soweit dies durch Rahmengesetz-
gebung möglich ist – gelöst werden. Dieser Dialog hat schon seit einiger Zeit konkrete Formen angenommen. Wie zum Beispiel die *Econo-*

mic Times India in einem Artikel vom 24. Januar 2020 berichtete, will die indische Regierung den über 70 Jahre alten Plantations Labour Act abschaffen und ersetzen durch eine zeitgemäße Gesetzgebung, die Indiens Agrarwirtschaft wieder konkurrenzfähig und für die Beteiligten attraktiver machen soll. Bei dieser umfassenden Reform soll auch die besonders problematische Entlohnung der Beschäftigten neu geregelt werden. In der Diskussion ist unter anderem, Sachleistungen der Plantagen wie zum Beispiel Lebensmittelrationen, die auf die Löhne angerechnet werden, zu ersetzen durch eine rein finanzielle, leistungsbezogene Entlohnung mit Beiträgen für die Daseinsvorsorge gegen Krankheit und Alter. Man wird sicher auch praktische Erfahrungen auf Plantagen Keralas und Tamil Nadus berücksichtigen, die mit den Problemen hoher Absenzen und mangelnder Motivation des Personals zu kämpfen hatten.

Kanan-Devan-Modell

Bei unserem Besuch in Munnar in Südindien präsentierte uns Sanjith Raju, Vize-Personalleiter der Kanan Devan Hills Plantation Company (KDHP), die Erfolgsgeschichte des Unternehmens. Sieben der alten Finlay-Plantagen in Kerala, die Tata Tea 1983 vollständig übernommen hatte, machten bis zur Jahrtausendwende auf Dauer so hohe Verluste, dass Tata sie schließen wollte. Das hätte den Verlust des Arbeitsplatzes für 12 700 Beschäftigte bedeutet – für den regierungsnahen Tata-Konzern eine politisch heikle Situation. 2005 fand man im Dialog mit der Belegschaft eine Lösung, indem man 69 Prozent der Besitzanteile an der neu gegründeten KDHP den Mitarbeiterinnen und Mitarbeitern zum Kauf anbot; Tata behielt die restlichen Anteile. Mitbestimmung wurde in Form von Komitees und gewählten Vertretern, auch der ersten Teepflückerinnen, im Aufsichtsrat institutionalisiert.

Die Produktivität der KDHP stieg sofort, weil der Mitbesitz natürlich die Belegschaft motivierte. Die Absenzen sanken auf rund

10 Prozent, und innerhalb eines Jahrzehnts schrieb die Gesellschaft dauerhaft schwarze Zahlen. Sie konnte neue Sozialleistungen für ihre über 300 Selbsthilfegruppen anbieten, die sich um günstige Lebensmitteleinkäufe kümmern, nachhaltige Produktion mit Rainforest-Zertifikat durchgesetzt haben und laufend weitere Verbesserungen vorschlagen. Nach diesem Erfolg kaufte Tata 10 Prozent der Anteile im Jahre 2013 zurück – ein deutlicher Vertrauensbeweis.

Vielleicht bietet ein neuer Gesetzesrahmen auch für Gärten in Assam und Darjeeling mehr Flexibilität und Offenheit für alternative Modelle der Entlohnung und Arbeitnehmerbeteiligung, und damit auch konkrete Verbesserungen für die Beschäftigten, allen voran die Teepflückerinnen.

Lieferkettengesetze

Am 11. Juni 2021 hat der Deutsche Bundestag mit seinem Beschluss über das Lieferkettensorgfaltspflichtengesetz mit Wirkung ab dem 1. Januar 2023 Import-Unternehmen ab 1000 Mitarbeitern verpflichtet, die Einhaltung der Menschenrechte, zumutbarer Arbeitsbedingungen und fairer Handelsbeziehungen auf allen Stufen zu überwachen. Daher müssen in Zukunft auch die Tee-Importeure ihrer Verantwortung gerecht werden. Es hat lange genug gedauert, bis auch sie sich an den UN-Leitprinzipien für Wirtschaft und Menschenrechte aus dem Jahre 2011 zu orientieren haben. Der Versuch einer freiwilligen Verpflichtung in einem Nationalen Aktionsplan von 2016 war gescheitert, weil sich nur 17 Prozent der betreffenden Unternehmen beteiligt hatten. Die meisten wälzten ihre Verantwortung ab auf die Zertifizierindustrie und rechtfertigten ihr Verhalten mit dem Hinweis auf den bürokratischen Aufwand und den Preisdruck des Einzelhandels, in erster Linie der Discounter, die das Einkaufsverhalten vor allem über den (Niedrig-)Preis steuern. Für ein Kilogramm Beutel-Darjeeling beim Discounter zahlt der Verbraucher zum Beispiel 31,80 Euro; der darin enthaltene Fannings- oder Dust-Tee wird für höchstens 5 Euro in

Indien eingekauft. Wenn es aber um den Teekauf geht, ist eine «Geiz ist geil»-Mentalität völlig fehl am Platz: Sie geht letztlich immer auf Kosten der Produktqualität und der Schwächsten in der Lieferkette, und das sind die Arbeitskräfte in den Niedriglohnländern.

Das Europäische Parlament hat am 10. März 2021 im Rahmen seiner Due-Diligence-Strategie die Brüsseler Kommission aufgefordert, die einzuhaltenden unternehmerischen Sorgfaltspflichten per Gesetz noch weiter zu fassen als in der deutschen Regelung: Die Bestimmungen sollen auch für Unternehmen mit weniger als 1000 Beschäftigten und auch für Firmen mit Sitz außerhalb der EU gelten.

Im Zusammenwirken von nationaler Gesetzgebung in den Teeländern und EU-Regelungen zu den Lieferketten werden dann hoffentlich auch für alle Teepflückerinnen menschenwürdige Arbeitsbedingungen und existenzsichernde Einkommen durchgesetzt werden können – damit nicht, wie Isaac Okero feststellte, die letzten Überbleibsel des kolonialen Geschäftsmodells weiter fortgeführt werden.

Der Teeanbau in überseeischen Kolonien blickt gerade einmal auf 200 Jahre zurück. Die Welt des Tees ist aber, wie am Anfang des Buches dargelegt, erheblich älter als der Handel Chinas mit den europäischen Seefahrernationen seit dem Ausgang des Mittelalters. Die schier unerschöpfliche Vielfalt des Tees und der Formen seines Genusses rund um den Globus, die vom strengen Ritual bis zum beiläufig geschlürften Alltagsdrink reichen, hat sich über mehr als zwei Jahrtausende entwickelt. Kulturkreis nach Kulturkreis und Land für Land diese Vielfalt zu entdecken, bleibt ein Leben lang faszinierend.

XII.

IN PALAST UND KLOSTER,
TEEHAUS UND WOHNUNG:
TEEKULTUREN DER WELT

1. China

Teesitten im Mutterland des Tees sind seit der Tang-Dynastie (618–907) belegt, am umfassendsten im *Chajing* des «Teeheiligen» Lu Yu (um 780). Der Genuss von Tee war in dieser Epoche ein Privileg von Kaiserhof und Adel sowie von Gelehrten und Mönchen, die ihn zusammen mit ihrer Religion nach Korea, Japan und in andere Reiche Ostasiens brachten. Tee wurde in Pulverform mit Wasser und einer Prise Salz zusammen aufgekocht, bis das Wasser die richtige Färbung angenommen hatte. Diese Art der Zubereitung nennt man deshalb «Schule des gesalzenen Pulvertees». Während der Song-Dynastie (960–1279) breitete sich der Teekonsum in der Oberschicht aus und wurde verfeinert. In Teewettbewerben wurden die besten Teesorten des Landes ausgezeichnet. Teepulver wurde nun aufgegossen mit heißem Wasser und vom Teemeister schaumig geschlagen mit einem Bambusbesen – die Bezeichnung «Schule der geschäumten Jade» bezieht sich auf diese Sitte. Die mongolische Eroberung Chinas im 13. Jahrhundert brachte auch in der Teekultur Veränderungen: Der Pulvertee wurde abgelöst durch das heute noch übliche Rösten von Blättern. Dass Japan 1281 den Angriff der Mongolen abwehrte, sieht

Kakuzō Okakura als symbolischen Sieg auch für die Bewahrung der Pulvertee-Tradition in der japanischen Teezeremonie.

Zu Beginn der Ming-Dynastie, die von 1368 bis 1644 China beherrschte, setzte der Kaisersohn, Feldherr, Komponist und Universalgelehrte Zhu Quan (1378–1448) in seinem Tee-Handbuch (*Chá Pu*) neue Maßstäbe für die Teekultur und begründete die klassische chinesische Teezeremonie *gongfu chá* («Teekunst»). Diese «Schule des duftenden Blattes» verwendet nicht mehr Teepulver, sondern ganze Teeblätter, in der Regel Oolong. Der Teemeister benutzt dabei zwei mit heißem Wasser gereinigte Kannen – eine zum Ziehen, die andere zum Abgießen und Servieren. Zunächst werden die Teeblätter in die Kanne gegeben und mit heißem Wasser übergossen. Dieser erste «Aufguss des guten Geruchs» wird jedoch nicht getrunken, sondern sofort abgegossen: Er reinigt und öffnet die Teeblätter und mildert die Bitterkeit der späteren Aufgüsse. Anschließend wird die Kanne ein zweites Mal gefüllt für den «Aufguss des guten Geschmacks». Er wird nach 10–30 Sekunden Ziehzeit in die Teeschalen gefüllt – «schichtweise», damit jeder die gleiche Aufgussqualität erhält. Diese Aufgüsse werden dann mehrfach wiederholt als «Aufgüsse der langen Freundschaft», indem der Meister den Tee jeweils zehn Sekunden länger ziehen lässt. Daher schmeckt auch jeder Aufguss etwas anders. Dieses Grundmuster der *gongfu chá* wurde seit seiner Einführung in verschiedenen Regionen Chinas variiert. Es war zu keiner Zeit so streng geregelt und rituell überhöht wie die japanische Teezeremonie, dafür aber stärker verwurzelt im Brauchtum der Bevölkerung.

Die Fähigkeit, guten Tee zu bereiten, war ein wichtiges Kriterium bei der Auswahl der Schwiegertöchter. Am Tag nach der Hochzeit hatten sie früh aufzustehen und den Schwiegereltern Tee zu servieren. Auch die Verpflichtung für den ältesten Sohn oder die älteste Tochter der Familie, den Eltern jeden Morgen im Namen der Kinder eine Tasse Tee zu servieren, war weit verbreitet. Vor allem im Zusammenhang von Hochzeit oder Verlobung ist Tee eine wichtige symbolische Gabe. Bis heute werden Verlobungsgeschenke als «Teegeschenke» bezeichnet, und der Heiratsvermittler heißt «Teedosenträger». Nach einem regionalen Brauch der Provinz Jiangsu wurde der Bräutigam am Hochzeitstag im Hause der Braut von deren männlichen Verwandten mit drei Tassen Tee empfangen. Die musste er als «Tee des Türöffnens» trinken, bevor er die Braut sehen durfte. In Hunan bot das Brautpaar während der Hochzeitsfeier den Gästen dreimal hintereinander Tee an. Die Gäste bedankten sich mit Geldgeschenken. Schließlich trank das Paar eine Tasse Tee «für die Zusammenführung der Kopfkissen».

Öffentliche Teehäuser (*cháguǎn* oder *cháwū*) haben in China eine sehr lange Tradition als soziale Treffpunkte für Menschen aus allen Schichten und Berufen, vergleichbar dem westlichen Kaffeehaus. Man sitzt an Tischen, in Nordchina vor allem innen, in Südchina auch im Freien, unterhält sich, spielt Karten oder Mahjong, hört Livemusik und trinkt Tee aus Deckeltassen mit Teeblättern, die immer wieder mit heißem Wasser nachgefüllt werden. Wegen der Enge werden dafür oft Kannen mit überlangen Tüllen benutzt, durch die in hohem Bogen das Wasser in die Tasse gezirkelt wird – eine beliebte Schaunummer des Bedienungspersonals. Teehäuser haben in der Regel keine Küche, bieten aber am Tresen Kleinigkeiten zum Tee an wie Nusskerne, Trockenfrüchte oder Süßigkeiten. In Südchina, vor allem in den Regionen um Guangzhou und Hongkong, werden in Teehäusern Dim Sum serviert: kleine gedämpfte oder frittierte Gerichte, meist gefüllte Teigtaschen, die in Bambuskörbchen und mit delikaten Saucen auf den Tisch kommen. Gäste können auch Essen mitbringen und zum Tee verzehren.

Die populären Teehäuser wurden in den Jahren der Großen Proletarischen Kulturrevolution (1966–1976) als bourgeoise und konterrevolutionäre Institutionen geächtet; die meisten von ihnen wurden geschlossen. Daher wurde die *gongfu chá*-Tradition vor allem in Taiwan bewahrt. Heute gibt es jedoch auch in Festlandchina wieder zahlreiche Teehäuser – allein in der Teehochburg Hangzhou werden mehr als 100 gezählt, von denen das spektakulärste den Westsee überblickt. Natürlich hat auch die Kulturrevolution nichts daran geändert,

dass Tee Chinas Nationalgetränk ist: Im Alltag sind die Schraub-
deckelgläser mit grünem Tee, die immer wieder mit heißem Wasser
nachgefüllt werden, am Arbeitsplatz und im Haushalt allgegenwärtig.
Und bei einem Besuch in einer chinesischen Familie wird selbstverständlich Tee serviert als Ausdruck sozialer Wertschätzung.

2. Japan

Die japanische Teezeremonie (*chadō* oder *sadō*, «Teeweg»; *chanoyu*,
«heißes Wasser für Tee») ist bis heute ein Herzstück japanischer Kultur, das Kakuzō Okakura in seinem «Buch vom Tee» als «Teeismus»
vom Materialismus und der Äußerlichkeit des Westens abgrenzt.
Nicht nur in seinen Augen spiegelt sie als Ausdruck wahren «Japaner-
tums» Tradition, Werte und Selbstverständnis des Inselreiches. Die
Wurzeln der Teezeremonie liegen in der Meditation des Zen-Buddhismus, und einer ihrer Gründungsväter war derselbe Abt Myoan Eisai,
der um 1191 den Tee aus China nach Japan gebracht haben soll. In seiner Schrift *Kissa Yōyōki* («Teetrinken für die Gesundheit») beschreibt
Eisai die gesundheitlichen und spirituellen Vorzüge des Teegenusses.
Er gibt genaue Anweisungen zur Zubereitung und der rechten Art
des Teetrinkens, die – wie ein religiöses Ritual – von Gongschlägen
und Weihrauch begleitet ist.
    Teekonsum blieb lange ein Privileg von Adligen und Mönchen.
Verfeinert wurde er vor allem in der Higashiyama-Kultur unter dem
Shogun Ashikaga Yoshimasa (1435–1490) in Kyōto: Gemeinsam mit
dem Abt Shogu begründete er nicht nur den *sadō* («Teeweg»), sondern
auch eine künstlerische Blütezeit des Nō-Dramas, der Blumensteck-
kunst Ikebana und der Tuschemalerei. 1473 legte Yoshimasa alle Ämter
nieder und widmete sich seinen ästhetischen und spirituellen Aktivitäten. Schon seit 1460 hatte er die Planung für eine von Gärten um-
gebene Villa als Alterssitz vorangetrieben. Nach seinem Tode wurde

dieser Komplex als buddhistischer Tempel fertig gebaut – der Silber-pavillon (*Ginkakuji-cho*).

Das Teezimmer war schon zu dieser Zeit auf die Größe von 4 ½ Reisstrohmatten (*tatami*) standardisiert, etwa 3 x 3 Meter, und auf eine vom Zen inspirierte Ästhetik des Einfachen, Stillen, Wesentlichen und durch Alter und Gebrauch Würdigen konzentriert bei allem, was mit dem *sadō* zusammenhing.

Ihre bis heute gültige Ausprägung erhielt die Teezeremonie durch Sen no Rikyū (1522–1591), der unter den Feldherren und Einigern Japans, Oda Nobunaga und Toyotomi Hideyoshi, als Teemeister und Berater aufgestiegen war. In Rikyūs Regelwerk *Hyaku-jō-seiki* sind vier Prinzipien für den «Teeweg» maßgebend: Wa (Harmonie), Kei (Respekt), Sei (Reinheit) und Jaku (Ruhe). Harmonie herrscht während der Teezeremonie zwischen den Gästen und dem Gastgeber, zwischen dem Einzelnen und der Natur in ihrer jeweiligen Jahreszeit, auch zwischen den Speisen und den Teeutensilien, die aufeinander abgestimmt sind. Respekt, Rücksicht und Achtsamkeit zeigt man in der Teezeremonie gegenüber allen Menschen und Dingen, auch in der sorgfältigen Handhabung der Teegeräte. Reinheit bezeichnet Sau-berkeit und Ordnung im Äußeren wie im Inneren: Der Teemeister reinigt die Utensilien mit aller Aufmerksamkeit, bevor die Gäste den Raum betreten. Die Gäste waschen sich die Hände und spülen den Mund, um sich vom Staub des Alltags zu befreien. Die Stille (Jaku) meint nicht nur die Abwesenheit von Lärm und Hektik, sondern die Ruhe der Seele, die auf die Gemeinschaft ausstrahlt.

Sen no Rikyūs Enkel Sen Sotan entwickelte als Teemeister die Philosophie und Ästhetik der mit höchstem Raffinement kultivierten Einfachheit weiter bis hin zur Gleichsetzung von Tee und Zen in den Prinzipien des *wabi-sabi*: der Akzeptanz und Kontemplation der Unvollkommenheit, des ständigen Flusses und der Vorläufigkeit aller Dinge. Seine Söhne gründeten drei Hauptschulen des *chadō*, die bis heute von japanischen Teemeistern praktiziert und gelehrt werden: Mushanokoji, Omotoesenke und, als beliebteste, Urasenke.

Der Ablauf einer klassischen japanischen Teezeremonie ist seit
der Zeit Rikyūs und Sotans in seinen Grundzügen gleich geblieben:
Ein Gastgeber lädt in ein bescheiden anmutendes, betont schlicht
eingerichtetes Teehaus (*chashitsu*) ein, zu dem ein gewundener Weg
durch einen kleinen Landschaftsgarten (*roji*) mit Bäumen und Stein-
laternen führt. Indem der Gast aufmerksam die Einzelheiten im Garten betrachtet, die kunstvoll und wie absichtslos die Natur und die
Jahreszeiten reflektieren, lässt er Hektik und Zerstreuung des Alltags
hinter sich. Vor dem *chashitsu*, dem Häuschen aus Holz oder Bambus,
warten die Gäste im Vorraum auf den Teemeister und betrachten die
sorgfältig ausgesuchten Teeschalen, Geräte und Kunstgegenstände.
Wenn der Gastgeber die letzten Vorbereitungen für die Zeremonie
getroffen hat, begrüßt er schweigend die Besucher und bittet sie ein-
zutreten.

Der niedrige, nur knapp einen Meter hohe Eingang signalisiert
Demut und Respekt. Mit dem Betreten des Teeraumes werden soziale
Unterschiede draußen gelassen. Der kleine Raum mit niedriger Decke
ist leer und nur indirekt erhellt. Den Boden bedecken Reisstrohmatten, mit einer Aussparung für das Kohlebecken (*furo*). Man sitzt
kniend auf den Fersen (im *seiza*). Der bewusst karge Raumschmuck
beschränkt sich auf eine Bildnische (*tokonoma*) mit einer Schriftrolle
oder Tuschzeichnung, und eine Blume, meist in einer Bambusvase.

Die eigentliche Teezeremonie beginnt mit einem Imbiss (*kaiseki*),
auf einem Lacktablett und in antiken Gefäßen gereicht, wobei die
Gäste sich angeregt unterhalten. Alltagsthemen sind dabei verpönt.
Nach dem Imbiss gehen die Gäste zurück in den Warteraum. Ein
fünfmaliger Gong ruft sie zurück in den Teeraum zur eigentlichen
Zeremonie, während der nur gedämpfte Unterhaltung üblich ist. Der
Meister ordnet nun die Utensilien zur Teebereitung: die Teeschale
(*chawan*), die Behälter für Pulvertee (*cha-ire*) und starken Tee (*koi-cha*),
das Frischwassergefäß (*mizusashi*), den eisernen Wasserkessel (*kama*),
den länglichen Schöpflöffel (*chashaku*) und den Teebesen (*chasen*),
beide aus Bambus. Sorgsam wird jedes der Geräte so gelegt, dass er

den Tee mit harmonischen Bewegungen im Kimono zubereiten kann.
Jedes Detail der Ausstattung und Bewegungsabläufe erscheint von der
Tradition festgeschrieben und bis zur Perfektion, die dann mühelos
wirkt, eingeübt.

Nach mehrfacher, sorgfältiger Spülung, Erwärmung und Trocknung von Schale und Teebesen füllt der Teemeister mit dem langen
Schöpflöffel den Pulvertee in die Schale, gibt heißes Wasser hinzu und
schlägt mit dem Bambusbesen den dickflüssigen *matcha* schaumig.
Die Trinkschale wird dann reihum den Gästen gereicht, dem Haupt-
gast zuerst. Die meist ebenso unscheinbare wie kostbare, manchmal
sehr alte Schale wird in der Hand, in die sie sich einschmiegt wie ein
Handschuh, gedreht und bewundert, nach geschlürften drei Schlu-
cken abgewischt mit der eigenen Serviette, dann unter Verbeugung
und Komplimenten an den Nachbarn weitergereicht. Wenn alle ver-
sorgt sind, setzt sich der Gastgeber in den Kreis. Nach dem respektvollen Schweigen während des Kreisens der Teeschale beginnt nun
ein Gespräch über die Teesorte, die Utensilien und andere Themen
mit unmittelbarem Bezug zum Ritual und den anwesenden Personen.
Themen, die ablenken könnten, bleiben unerwünscht. Nach 2–4 Stunden der Konzentration, Harmonie und Einkehr werden die Gäste der
Teezeremonie verabschiedet.

Das klassische Ritual der Teezeremonie wird im heutigen Japan
in einer Reihe von Varianten praktiziert und in Teeschulen für teures
Geld gelehrt – einige Teemeister gehören zu den angesehensten und
reichsten Männern des Landes. Die genaue Kenntnis des Rituals gilt
als Zeichen höherer Bildung und erlesenen Geschmacks bei den Eli-
ten, auch wenn diese soziale Abgrenzung in der Regel mit typischem
Understatement hinweggelächelt wird.

Als Gast aus Europa, der bei einer Teezeremonie nicht unhöflich
erscheinen möchte, tut man nach meiner Erfahrung gut daran, vorher einen Termin bei seinem Orthopäden zu reservieren: Das *seiza*-
Syndrom im Knie- und Fußbereich ist ein sehr schmerzhafter, wenn
auch schulmedizinisch nicht als Krankheit definierter Befund. Wenn

man sein Schicksal kennt, kann man den Fersensitz vor Annahme einer Einladung zur Teezeremonie mit Yoga- oder Tai-chi-Übungen trainieren. Aber so selbstverständlich, anmutig und ausdauernd wie bei Japanerinnen und Japanern gelingt er bei westlichen Besuchern nur in Ausnahmefällen.

Natürlich ist der Tee auch im Alltag der Japaner – bis hin zum beliebten Matcha-Geschmack von Eiscreme – überall gegenwärtig, ob als Getränk pur oder als Begleitung zum Essen. Die jüngere Generation zeigt sich dabei durchaus offen für Neues und experimentiert gern mit westlichen Gewohnheiten des Schwarzteekonsums mit und ohne Milch – oder auch mit Moden wie Bubble Tea, wenn sie in populären Fernsehshows vorkommen.

3. Korea

Auch Korea verdankt den Beginn seiner Teetradition der Wanderung buddhistischer Mönche seit dem 7. Jahrhundert. Koreaner betonen gern, dass ihre Teekultur älter ist als die Japans. Einer Überlieferung zufolge brachte im Jahr 828 Kim Dae-ryeom Teesamen aus dem Tang-China nach Korea. Aus den Klöstern fand der Tee allmählich den Weg in die kultivierte Gesellschaft. Als *cha-rie*-Zeremonie wurde er gefeiert in Poesie, Musik und Kunst der Koryo-Dynastie zwischen dem 10. und 14. Jahrhundert. Die enge Verbindung mit dem Buddhismus führte jedoch zur Ächtung des Tees, als Korea sich im 14. Jahrhundert dem Konfuzianismus zuwandte.

Heute ist grüner Tee das beliebteste Getränk in Korea. Er wird in hervorragender Qualität im Lande angebaut und wenig exportiert. Wegen des hohen Konsums muss Tee sogar importiert werden. Es gibt auch Bestrebungen, die koreanische Teekultur wieder zu beleben. Vor allem dem Teemeister Hyo Dang und seiner Schülerin Chae Won-Hwa, die 1983 das maßgebende Panya-ro Tee-Institut in Seoul gründete, ist diese Renaissance einer eigenen koreanischen Teezeremonie seit dem Ende der japanischen Besatzung 1945 zu verdanken.

Vom streng ritualisierten japanischen *chanoyu* grenzt sich *panya-ro* («Tau der erhellenden Weisheit») durch einen «natürlicheren Stil» ab, in dem der Gastgeber die Gäste nicht unbedingt bedienen muss.

4. *Russland*

Nachdem der Karawanentee im Laufe des 17. Jahrhunderts aus China und der Mongolei nach Russland gelangt war, löste er allmählich das heiße gewürzte Honigwasser (*Sbiten*) als beliebtestes Getränk ab. *Sbiten* wurde im *Sbitennik* warm gehalten, einem Kessel mit eingebautem Rohr, das mit glühenden Kohle- oder Holzkohlestücken beheizt wurde. Ein Waffenschmied in Tula, Fedor Lisitsyn, soll dieses Gerät dann zum Samowar weiterentwickelt haben. Tatsächlich streiten Kaschmir, Iran und die Türkei, die in ihrer Teekultur den Samowar benutzen, mit Russland darum, wer das beliebte Gerät erfunden hat. Das Prinzip ist überall gleich: Im unteren Teil des Gerätes befindet sich ein mit Holzkohle beheizter Kessel, der das Wasser im Kessel darüber zum Kochen bringt. Kräftiger Tee-Extrakt wird in einer Kanne aufgebrüht und über dem kochenden Wasserkessel warm gehalten. Um Tee zu bereiten, wird Extrakt in die Tasse gefüllt und mit heißem Wasser aus dem Samowar aufgegossen.

Der prächtige, kunstvoll verzierte Samowar, meist aus Messing, war ein klassisches Hochzeitsgeschenk. Heute ist er meist schlichter und funktional gestaltet, aus Edelstahl und elektrisch beheizt. Sein gemütliches Blubbern ist aber Begleitmusik für lange Winterabende im europäischen wie im sibirischen Teil Russlands geblieben. Der kräftige Rauchtee aus Südwestchina prägte das Geschmacksprofil des Karawanentees. Vor allem in den Petersburger Teekontoren wurden ab dem späten 19. Jahrhundert dann preiswertere Indien- und Ceylon-

Türkischer Tee-Samowar

tees hinzugefügt, die mit englischen Schiffen nach Russland kamen. Diese heute weltweit geschätzten «Russischen Mischungen» machten den Tee auch für breite Bevölkerungsschichten in Russland erschwinglich. Heute ist er Nationalgetränk, das bei jeder Gelegenheit genossen und angeboten wird, gern mit Zitrone, Brot oder Kuchen, abends auch zu Deftigem oder Fischgerichten. Wer Süßes liebt, wie viele Russen, nimmt ein Stück Würfelzucker oder einen Löffel Marmelade *(warenje)* in den Mund und lässt den Tee darüberrinnen.

5. Türkei

Auch in der Türkei ist kräftiger schwarzer Tee *(Çay bahçesi)* aus dem Samowar *(Semaver)* ein äußerst beliebtes Getränk – der hohe Umsatzanteil von Tee bei türkischen Einzelhändlern in Deutschland belegt das eindeutig. Die Semaver-Zubereitung ist verbreitet in Lokalen und

Teegärten. Sie erfolgt in zwei Kannen, die passend übereinander stehen. Die kleinere obere aus Porzellan enthält das Teekonzentrat: Pro Teeglas wird ein Teelöffel Konzentrat in die Kanne gegeben und mit lauwarmem Wasser «gewaschen». Während die untere Wasserkanne erhitzt wird, entfaltet sich das Aroma der Teeblätter in der oberen Kanne. Wenn das Wasser kocht, wird es in die obere Kanne umgegossen; nach 15–20 Minuten ist der Tee gezogen und trinkfertig. Er wird durch ein Teesieb in tulpenförmige Gläser gegossen und je nach gewünschter Stärke mit kochendem Wasser aufgefüllt und meist mit viel Zucker gesüßt.

Im privaten Bereich wird der Çaydanlik gegenüber dem Semaver bevorzugt: Der untere Wasserkessel wird auf dem Küchenofen zum Kochen gebracht, was Handhabung und Reinigung wesentlich erleichtert. Auch in einer türkischen Familie ist bei Besuchen die Bewirtung mit Tee üblich. Dazu werden frischer *kek*, ein trockener Kuchen, Gebäck oder, substanzieller, Blätterteigröllchen mit Schafskäse- oder Hackfleischfüllung gereicht. Auch Geschäftsgespräche laufen erheblich besser beim Tee, wie die türkische Redensart weiß: «Kommt Tee, kommt Vertrag.»

6. Indien

Die Inder haben das Teetrinken seit dem ausgehenden 19. Jahrhundert von den britischen Kolonialherren übernommen, als deren Teeplantagen erfolgreich in Indien angelegt wurden. Aus dem exklusiven Vergnügen der Maharadschas und hohen Kolonialbeamten wurde aber bald eine eigene Teekultur mit besonderem Geschmacksprofil, die heute zu den konsumfreudigsten der Welt gehört. Überall auf den Straßen finden sich Verkaufsstände mit Tee samt Gebäck und Nüssen; wegen des abgekochten Wassers kann er auch von westlichen Besuchern ohne Gefahr für Leber und Verdauungssystem getrunken werden. Es gibt klaren, stark gesüßten Tee mit oder ohne Milch.

Typisch indisch ist jedoch der *masala chai*. Die Basis bildet ein starker Schwarztee, meist granulierter *mamri* aus Assam oder Kenia, dazu reichlich weißer oder Demerara-Zucker und Milch oder Kondensmilch. Die – je nach Region oder Kaste vielfältig variierte – Mischung der Gewürze enthält fast immer Kardamom, Muskat, Nelken, indischen Pfeffer und Lorbeer, Ingwer und Zimt. Die Gewürze werden mit Wasser aufgekocht, dann mit dem süß-milchigen Schwarztee vermischt und noch einmal verkocht, von der Flamme genommen und einige Minuten kühl gestellt. Der Aufguss wird danach durch ein Sieb oder einen Tuchfilter geschüttet in eine Servierkanne. Die subtilere Kaschmir-Variante des *Chai* fügt Mandeln und Safran zur Gewürzmischung hinzu und verwendet grünen Gunpowder als Tee.

Die süß-exotische Mixtur, die Erinnerungen an Weihnachtsbäckerei weckt, hat inzwischen auch außerhalb Indiens viele Freunde gefunden. Indische Arbeitskräfte, die in den arabischen Golfstaaten harte Währung verdienen und dafür oft extreme Arbeitsbedingungen auf sich nehmen, haben ihr Lieblingsgetränk im Nahen Osten verbreitet. Es ist dort als *karak chai* («starker Tee») inzwischen eingebürgert. Nicht zuletzt über Großbritanniens vielköpfige indische Community haben in den letzten Jahren auch im Vereinigten Königreich und in Kontinentaleuropa viele Konsumenten Geschmack gefunden an der süffigen Mixtur. Lebensmittelindustrie und Kaffeehausketten haben den Trend begierig aufgegriffen und verstärkt. Was aber in Supermärkten als zuckersüßes Flüssigkonzentrat, in Pulverform oder in Teebeuteln als «Chai» verkauft wird, hat mit dem indischen *masala chai* nicht mehr viel zu tun. «Masala» gibt auch Getränken in Espressobars («chai latte») und Szenelokalen einen exotischen Hauch. Bollywood-Fans sind im Übrigen seit Jahren vertraut mit «Masala» als Bezeichnung für den knallbunten Mix aus melodramatischer Filmstory und Gesangs- und Tanzeinlagen um populäre Leinwandhelden wie Shah Rukh Khan.

7. Marokko

Thé à la menthe, ein Aufguss aus grünem Tee (meist Gunpowder), heißem Wasser (60–80 °C), frischer Nana-Minze und viel Zucker, ist marokkanisches Nationalgetränk, aber auch in anderen Maghreb-Ländern verbreitet, in Städten ebenso wie in Beduinenzelten. Die Marokkanische Minze (*mentha spicata* ‹Marokko›, arabisch *na'naa'*) verleiht ihm die besondere Note: eine hocharomatische Variante der Krausen Minze mit lindgrünen, spitzovalen, rauen Blättern. Gästen wird immer Tee serviert. Die Zubereitung übernimmt der Hausherr vor den Gästen. In einem Topf oder in einer Kanne brüht er den grünen Tee mehrere Minuten mit heißem Wasser. Anschließend wird das Teewasser von den Blättern abgegossen und mit Brocken von einem Zuckerhut in einer anderen Kanne sprudelnd erhitzt. Frische Minzeblätter werden beim Aufkochen in die Kanne oder erst beim Servieren in die Gläser gegeben. Das Eingießen geschieht kunstvoll in hohem Bogen aus einer birnenförmigen Metallkanne mit langer Tülle, in die der Tee erst einmal zurückgeschüttet wird, bis er genügend Sauerstoff aufgenommen hat und im Glase schäumt. Der Hausherr ist gekränkt, wenn man nicht wenigstens drei Gläser trinkt: «Das erste Glas ist bitter wie das Leben, das zweite stark wie die Liebe und das dritte sanft wie der Tod.»

Die Scherzbezeichnung «marokkanischer Whisky» verweist auf einen Umstand, der wesentlich dazu beiträgt, die muslimischen Länder in Nordafrika und im Nahen und Mittleren Osten zu den stärksten Teekonsumenten weltweit zu machen: Der Konsum von Alkohol gilt im Islam – nach Auslegung der entsprechenden, auf den Wein bezogenen Suren in so gut wie allen Koranschulen – als verboten.

8. *Großbritannien*

Im Jahr 1610 brachte die Vereenigde Oostindische Compagnie per Schiff zum ersten Mal Tee nach Europa – eine Ladung Grüntee aus dem japanischen Hirado über Bantam nach Texel. 1644 lieferten Niederländer die ersten 100 Pfund Tee nach England aus. Vereinzelt propagierten Pioniere wie Thomas Garraway schon um 1660 Teegenuss aus Gesundheitsgründen in ihren Londoner Kaffeehäusern. Ins Blickfeld der Öffentlichkeit rückte Tee aber erst, als die portugiesische Prinzessin Katharina von Braganza 1662 durch die Heirat mit Charles II. Königin von England wurde. Als sie um eine Tasse Tee bat, den sie aus ihrer Heimat kannte und schätzte, soll sie vom König zur Antwort erhalten haben: «We don't drink tea in England. But maybe some ale will do.» Sie führte daraufhin die königliche Teestunde bei Hofe ein. Adlige Damen und reiche Bürgerfrauen, die sich den sündhaft teuren Tee leisten konnten, taten es ihr nach. Tee wurde auch für Überseehändler interessant. 1669 ging das Monopol für den Chinahandel an die East India Company. Tee zu trinken war *ladylike*: Ausdruck guten Geschmacks und feiner Lebensart und Abgrenzung von der zotenreißenden Männergesellschaft in den Kaffeehäusern, zu der Damen, die auf ihren Ruf bedacht waren, Distanz hielten. Teestunden in vornehmen Damenzirkeln breiteten sich aus, und bald wurde Tee auch in Kaffeehäusern angeboten – wie seit 1706 im Londoner Haus von Thomas Twining, 216 Strand, das schnell zur bekanntesten Adresse für guten Tee wurde, im Jahr 1717 erweitert werden konnte und den Ausschank von Kaffee bald einstellte. Fortnum & Mason, seit 1707 das «Haus mit der Uhr», 181 Piccadilly, nahm bald ebenfalls Tee in sein Angebot.

Tee war auch für Gesundheitsapostel und puritanische Prediger des Nüchternheitsgebots willkommen: Trinkwasser war oft von zweifelhafter Qualität, Cholera und Ruhr grassierten. Der seit dem Mittelalter geläufige Genuss von Alkohol, vor allem Bier, anstelle von Wasser zeitigte die bekannten verteufelten Nebenwirkungen. Anfein-

*Catharina von Braganza,
porträtiert von Sir Peter Lely,
2. Hälfte 17. Jh.*

dungen gegen Tee und geistreich-polemische Verteidigungsschriften literarischer Kultfiguren wie Dr. Johnson, der zu jeder Tages- und Nachtzeit Unmengen von Tee trank, machten seinen Genuss nur populärer. Im Laufe des 18. Jahrhunderts avancierte Tee so zum beliebtesten Getränk in Großbritannien und zum wichtigsten Handelsgut der East India Company. Teegenuss markierte den Rhythmus im Tagesablauf: Noch im Bett servierte der Butler den «Early Morning Tea» zum Aufwachen. Zum ausgiebigen Frühstück gibt es bis heute reichlich Tee, oft auch zum leichten Lunch. Der berühmte «Five o' Clock» geht zurück auf Lady Anna Maria, Duchess of Bedford und Lady of the Bedchamber von Queen Victoria, die selbst eine begeisterte Teetrinkerin war. Der Hofdame soll die Zeit zwischen Lunch und Dinner zu lang geworden sein. Seit 1840 bat sie deshalb um fünf Uhr zum eleganten Afternoon Tea, bei dem leichte Speisen, die auch mit behandschuhten Fingern genossen werden konnten, in drei Gängen serviert wurden. Die Tradition ist bis heute ein Klassiker: Der erste Gang besteht aus Variationen von Gurken-, Lachs- und

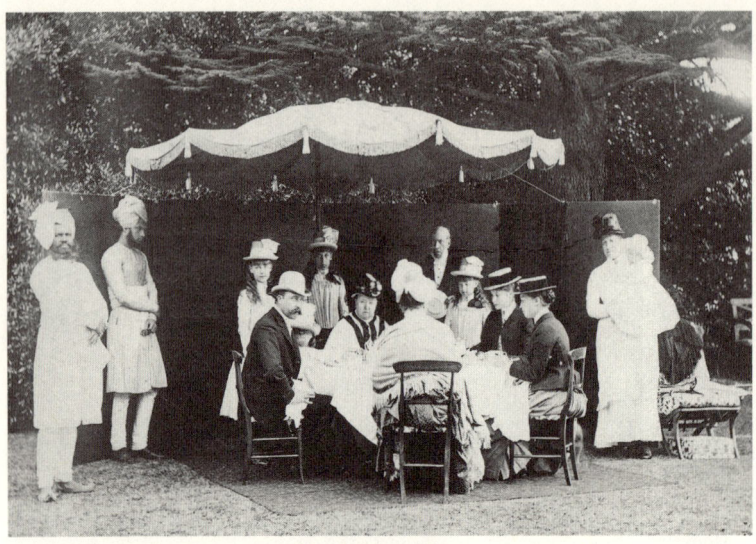

Royal Tea Party: Königin Victoria gibt eine Gartenparty mit Mitgliedern ihrer Familie auf dem Gelände von Osborne House auf der Isle of Wight

Schinken-Sandwiches. Dann folgen weiche Teebrötchen (*scones*) mit saurem Streichrahm aus Rohmilch (*clotted cream*) und Marmelade. Zum Abschluss nach mindestens einer Stunde werden Gebäck und Naschereien wie kandierte Früchte und Pralinen gereicht.

Die Tradition des Afternoon Tea wird heute vor allem in Luxushotels zelebriert, meist für Touristen, aber auch für Einheimische, die einen festlichen Anlass stilvoll begehen wollen. Korrekte Kleidung, feines Porzellan und Silberbesteck sollten dabei ebenso selbstverständlich sein wie eigene Speise- und Getränkekarten, nach denen der Lieblingstee ausgesucht werden kann.

Eine einfachere Variante des Nachmittagstees stammt als «Cream Tea» aus Südwestengland, vor allem Devon und Cornwall. Hier serviert man zum Tee nur die Scones mit Clotted Cream und Marmelade. In ärmeren Kreisen gab es zum – meist schlechten oder gefälschten – Tee nur Brot und Butter: «bread and butter tea» heißt bis heute

*Thomas Rowlandson,
Eine Schmugglerin wird
ausstaffiert, handkolorierter
Stich von 1810*

geringwertiger Tee. Wenn ein stilvoller Teenachmittag als «High Tea»
bezeichnet wird, liegt dem ein historisches Missverständnis zu Grunde.
Denn die Sitte des High Tea entstand im Verlauf der Industriellen Revolution des 19. Jahrhunderts im Milieu der Arbeiter in den Fabriken
und auch auf dem Lande. Die knapp bemessenen Arbeitspausen bei
den Manchester-Kapitalisten erlaubten kein warmes Mittagessen, das
deshalb auf die Zeit nach Feierabend verschoben und vom hart verdienten Tee begleitet wurde: Dafür bürgerte sich die Bezeichnung
High Tea ein.

Da der Lohn für den teuren Tee oft nicht reichte, wurde in erheb-
lichem Umfang gepanschter Tee beschafft. Bestimmte Dörfer im Londoner Umland sollen sich darauf spezialisiert haben, vor allem Grüntee mit getrockneten und zerkleinerten Eschen- oder Eichenblättern
zu strecken und farblich mit – zum Teil giftigen – Chemikalien zu
«verschönen». Einige Historiker führen die britische Bevorzugung des

schwarzen Tees teilweise darauf zurück, dass er schwerer zu pan-
schen war als grüner. Um derartige Missstände abzustellen und auch
um die neue Klasse der Industriearbeiter vom verbreiteten Alkohol
abzubringen, trat mit Parolen wie «Tee statt Gin» die *Temperance*-
Bewegung auf den Plan. Sie fand vor allem in protestantisch-kirch-
lichen wie in politischen Kreisen Unterstützung und trug maßgeblich
bei zur Abschaffung von Teesteuern, und damit auch zur Verbilligung
und Verbreitung des Teegenusses im britischen Alltag. Teegärten zum
öffentlichen Teegenuss und Flanieren entstanden, teilweise zusammen mit populären Vergnügungsparks mit Konzertpavillons, Karus-
sells und Menagerien wie Cuper's, Vauxhall oder Ranelagh Gardens;
heute sind sie durchweg Geschichte. Nur Songs wie der Broadway-
Ohrwurm *Tea for Two* von 1925 oder die Tanztees, die in Teegärten
oder auch in eleganterer Umgebung abgehalten wurden als nachmit-
tägliche Tanzvergnügen, sind geblieben und erleben eine gewisse Renaissance, wenn auch oft ohne Tee.

Aus dem englischen Alltag ist Tee zu fast jeder Zeit heute nicht
wegzudenken: kräftiger, schwarzer Tee wird bevorzugt, gelegentlich
aromatisierter Earl Grey. Entweder Teebeutel oder lose Blätter werden in die Kanne gegeben und mit kochendem Wasser aufgebrüht.
Sie bleiben oft in der Kanne, wodurch der Tee immer strenger
schmeckt. Um diesen Effekt zu mildern, wird öfters heißes Wasser
nachgegossen. Meist wird auch Zucker, fast immer Milch in die Tasse
gegeben, was den bitteren Geschmack abmildert. Die Frage, ob zuerst Milch oder zuerst Tee in die Tasse geschüttet werden soll, ist eines der wichtigsten gesellschaftlichen Probleme und spaltet die öffentliche Meinung im Königreich in die «mif»- (*milk-in-first*) und die
«tif»-Fraktion (*tea-in-first*). Leute vom Kontinent sollten sich aus der
Debatte heraushalten, die weder in der Forschung noch in der britischen Teeküche bisher entschieden ist: Ihnen wird ohnehin kein
Stimmrecht gewährt, schon gar nicht nach dem Brexit.

Natürlich gibt es neben diesem breiten Alltagskonsum auch in
Großbritannien viele Teetrinkerinnen und Teetrinker, die den Genuss

ihres Lieblingsgetränks kultivieren und sich bestens auskennen – in
der Welt des Tees ebenso wie in der großen Tradition ihres Landes,
die in ganz Europa und Nordamerika die Schwarzteekultur geprägt
hat.

Der nationale Stolz auf alles, was britisch ist, hat in den letzten
Jahren um sich gegriffen: Auch Tee aus Großbritannien ist manchen
besonders lieb – und teuer. Den Tregothnan Tea aus Cornwall («cre-
ating the ultimate Britishness in every cup») gibt es seit 2005 als Eng-
lands Antwort auf Darjeeling, auch wenn die Berge dort nicht ganz
so hoch sind wie der Himalaja. Beverly Wainwright hatte nach ihrer
Abreise aus Amba gelegentlich über ihren Kampf gegen schottische
Wetterkapriolen berichtet, den sie nach vier langen Jahren gewonnen
hatte: Aus den «Tea Gardens of Scotland» war Mitte 2021 die erste
Ernte des «Nine Ladies Dancing»-Tees in London eingetroffen, der
natürlich probiert werden musste. In der Halle des Corinthia Hotel
am Whitehall Place wird er serviert, einer feinen Londoner Adresse –
ab 805 Pfund pro Übernachtung im Einzelzimmer; die Royal Pent-
house Suite ist bei einem Mindestaufenthalt von zehn Tagen für
22 000 Pfund pro Nacht zu haben. Die 60 Pfund pro Kanne «Dancing
Ladies»-Tee beim «Traditional Afternoon Tea» unter dem Kristall-
leuchter sind dagegen ein Pappenstiel. Der Lackmus-Test: Milch …?
Die freundliche Sommelière ist entsetzt: «Um Gottes willen, das wäre
ein fürchterliches Verbrechen, Sie würden den Tee umbringen – das
wäre, als wenn Sie Coca-Cola in einen Romanée-Conti schütten würden!» Und das aus dem Munde einer Britin … Dieser Tee ist eben extrem selten. Etwas billiger ist er ein paar Ecken weiter, in 100-Gramm-
Dosen bei Fortnum & Mason, für 200 Pfund zu haben, «complex and
refreshing», ein wunderbares Mitbringsel für Tee-Snobs. Mit Beverly
muss ich beim angekündigten Besuch in den «Tea Gardens of Scotland» über Sonderkonditionen reden.

9. Ostfriesland

In der charaktervollen ostfriesischen Küstenlandschaft bildet Tee das Gravitationszentrum des gesellschaftlichen Lebens, an Festtagen wie im Alltag. Ob Ostfriesen Tee haben oder nicht, ist für die Menschen zwischen Emden, Norden und Leer eine Frage von Sein oder Nichtsein: «Wenn wi keen Tee hebben, muten wi starben.» Dass es dazu kam, ist der Nachbarschaft zu den Niederländern geschuldet, die als Erste den Tee nach Europa brachten und bis ins 18. Jahrhundert hinein eifrige Teetrinker waren. Ostfriesische Seeleute fuhren auf Schiffen der VOC und brachten Tee nach Hause. Wie auch sonst in Europa, wurde er zunächst als medizinisches Elixier eingeführt. Bereits um 1720 existierte ein umfangreicher Teehandel über die VOC in Ostfriesland. Als die Grafschaft mit Emden als Nordseehafen 1744 an Preußen fiel, suchte Friedrich II. den Einstieg in den lukrativen Überseehandel: 1751 wurde in seiner Gegenwart die *Königlich-Preußische Asiatische Compagnie in Emden nach Canton und China* als Aktiengesellschaft gegründet. Nach nur vier (durchaus erfolgreichen) Asienfahrten löste der Monarch sie 1765 wegen des Siebenjährigen Krieges mit Frankreich, das Ostfriesland wiederholt besetzte, wieder auf. Versuche, den Ostfriesen ihr «chinesisches Drachengift» und den damit verbundenen Devisenabfluss in die Niederlande zu verbieten, schlugen ebenso fehl wie ähnliche Versuche späterer Machthaber bis zu den Nationalsozialisten. Tee ist bis heute das Getränk der Ostfriesen. Ihre ausgeprägte Kultur der «Teetied» (Teezeit) bringt Deutschland, sonst in Sachen Tee eher ein Entwicklungsland, überhaupt erst auf die Weltkarte der Teetrinker.

Haupt-Teetied ist der Nachmittagstee um 15 Uhr; die Teepause gegen 11 Uhr (*Elführtje*) ist ebenfalls ein Fixpunkt im Tageslauf. Vielfach wird auch abends gegen 21 Uhr noch einmal Tee serviert. Besucherinnen und Besuchern in einem ostfriesischen Haushalt wird zur Begrüßung erst einmal eine Tasse angeboten, egal ob es sich um einen längeren Übernachtungsbesuch oder um einen Botengang handelt.

Der typische Tee der Teetied ist die traditionsgeheiligte Ostfriesische Mischung, die von Teetestern aus den Tees der Jahresernte immer neu zusammengestellt werden muss. Hauptbestandteil ist vollwürziger, malziger Assam Second Flush, teilweise aus verschiedenen Gärten, dem kleinere Mengen von Sumatra-, Java- oder Ceylon-Tees beigemischt werden. Im Aufguss erscheint er dunkel. Er duftet und schmeckt kräftig-hocharomatisch.

Bei der Zubereitung wird zuerst mit kochendem Wasser die Kanne ausgespült und gewärmt. Danach wird Tee in die Kanne gefüllt – pro Tasse ein Teelöffel, am Schluss noch «einer für die Kanne», die nie mit Spülmittel in Berührung kommt. Da immer Variationen derselben Schwarzteemischung verwendet werden, ist das kein geschmackliches Problem. Die typische Ostfriesenkanne aus thüringischem Wallendorfer Porzellan mit blauem oder rotem Rosendekor (*Rood Dresmer*, rotes Dresdener) entwickelt, ähnlich wie die unglasierten Yixing-Kannen aus China, mit der Zeit ihre eigene Patina, die den Geschmack des Tees beeinflusst. Ist der Tee in der Kanne, wird sie zur Hälfte mit nicht mehr ganz kochendem Wasser gefüllt und für eine Ziehzeit von 3–4 Minuten mit dem Deckel verschlossen. Danach wird sie vollständig gefüllt. Der nun fertige Tee wird entweder in der Kanne belassen und durch ein Handsieb in die Tassen geschüttet, oder er wird in eine Servierkanne abgegossen, um zu vermeiden, dass Teeblätter in die Tasse gelangen. Vor dem Einschenken des Tees wird jedoch ein großes weißes oder braunes Stück Kandis, der «Kluntje», in die Tasse gegeben. Läuft der heiße Tee über den Kluntje, ist ein deutliches Knistern zu hören. Umrühren ist nicht gestattet. Mit dem kellenartig gebogenen Sahnelöffel (*Rohmlepel*) gibt man nun vorsichtig am Rand der Tasse – gegen den Uhrzeigersinn, um die Zeit beim Tee anzuhalten – etwas Sahne hinzu, die sich wolkenartig über dem Tee ausbreitet ('*n Wulkje Rohm*). Der Tee wird dann – nach wie vor ohne Umrühren – durch die Sahneschicht hindurch getrunken. Nach-

Ostfriesisches Teemuseum Norden: Historisches Handwerk rund um die Teekultur

einander entfalten sich so das herbe Teearoma vom Tassenrand, dann der milchige Geschmack der Tassenmitte, zum Schluss der süße Teegeschmack um den Kluntje am Grunde. Ist die Tasse geleert, wird über denselben Kluntje ohne Aufforderung nachgeschenkt, und die Prozedur wiederholt sich. Drei Tassen (*koppkes*) sind das Minimum für jede Teilnehmerin und jeden Teilnehmer – lehnt man vorher ab, kann das als Kränkung empfunden werden. Nachgeschenkt wird so lange, bis der Gast den Löffel in die Tasse legt oder die Tasse umdreht.

   Einen umfassenden und authentischen Überblick über die Teekultur Ostfrieslands bietet das Ostfriesische Teemuseum im Alten Rathaus am Markt in Norden. Im Keller des markanten Backsteinbaus, dessen Geschichte bis ins 13. Jahrhundert zurückreicht, sind Original-Werkstätten von Handwerkern zusammengetragen, die von der Teekultur heute nicht mehr leben können, wie Porzellanmaler und Feinschmiede für Messingstövchen. Um auch junges Publikum für den Tee zu begeistern, bietet die kreative Museumspädagogik spannende Entdeckungstouren für Kids an. Die vielfache Auszeichnung als eines der kinderfreundlichsten Museen Deutschlands ist verdient.

XIII.

TEE SOLL SCHMECKEN:
EINIGE PRAKTISCHE
EMPFEHLUNGEN

1. Tee

Teekauf ist Vertrauenssache. Erste Adresse ist deshalb das Tee-Fachgeschäft am Ort: Es bietet eine breite Auswahl an Tees, die frisch und fachgerecht gelagert sind. Sachkundige Beratung nach individuellen Geschmackswünschen und lokaler Wasserqualität kann erwartet werden. Der deutsche Teehandel ist bekannt für die gute Qualität seiner Tester und Labors. Für hochwertige, einwandfreie Produkte bürgen Teefirmen mit ihrem Namen. Ein Markentee weist Herkunft und genaue Beschaffenheit klar aus in der Warenkennzeichnung. Wenn man «seine Teesorten» kennt und keine Beratung mehr braucht, kann man ohne Risiko auch im Tee-Versandhandel, im Kaufhaus oder im Einzelhandelsgeschäft kaufen.

Teebeutel sind generell nicht zu empfehlen, weil sie maschinell mit Feinstsortierungen befüllt werden, die bestenfalls mittelmäßigen Tee ergeben. Es lohnt sich, einen prüfenden Blick auf die Rückseiten der Teebeutelkartons – wie im Übrigen auch der Marken-Teedosen – zu werfen: Nach der EU-Verordnung Nr. 1169/2011 zur Lebensmittelkennzeichnung müssen dort in gut lesbarer Form Angaben zur Beschaffenheit der Waren aufgedruckt sein. Wenn beispielsweise Herkunft und Ernte- bzw. Lieferzeitpunkt, gegebenenfalls auch künstliche Aromazusätze und Laborbefunde nicht oder nur blumig-nichtssagend genannt sind, sollte man sich den Kauf noch einmal überlegen.

Der Einsatz von Teebeuteln spart – im Gegensatz zu einer verbreiteten Annahme – auch keine Zeit beim Aufbrühen, und er ist ebenso wenig umweltfreundlich. Aufgebrühte Teeblätter geben dagegen zum Beispiel einen guten Orchideendünger ab. Um dem Verlangen mancher Kunden nach «convenience» entgegenzukommen, verpacken einige Teehändler auch Qualitätstees in größere Beutel. Da man die Teemenge beim Aufgießen nicht feindosieren kann und da Tee in Beuteln viel schneller sein Aroma verliert als in Dosen oder Tüten, taugt auch «Qualitäts-Beuteltee» allenfalls als Notlösung für unterwegs. Wenn sie manuell befüllt werden, sind solche Beuteltees außerdem verhältnismäßig teuer.

Maschineneinsatz zur Teebereitung ist in aller Regel verbunden mit Qualitätsverlust; auch auf hochverarbeitete Teekapseln sollte man besser verzichten, aus Geschmacks- wie Umweltgründen. Fragen Sie einmal einen alten Barista, was er von Espressokapseln hält. Wenn der ein netter Mensch ist, ernten Sie ein nachsichtiges Lächeln und Schweigen. Ist er weniger nett, können Sie Ihr Repertoire an italienischen Schimpfworten um einige deftige Varianten bereichern – und lange auf Ihren Espresso oder Cappuccino warten.

Tee soll kühl, trocken und dunkel gelagert werden. Sein empfindliches Aroma schützen am besten gut verschließbare Dosen oder Tüten, und auch darin sollte er nicht mit riechenden Stoffen zusammen gelagert werden. Generell sollte Tee nicht länger als zwei Jahre aufbewahrt werden; besonders aromatisierte Sorten verlieren noch schneller an Aroma.

2. Wasser

Am besten geeignet für Tee ist frisches, weiches Wasser. Hartes und gechlortes Wasser beeinträchtigt den Geschmack, gerade bei hochwertigen Tees. Kräftige Assam- oder Earl-Grey-Mischungen vertragen als Einzige hartes Wasser. Für alle anderen Tees sollte das Wasser gefiltert werden. Über den Härtegrad des Wassers informiert das örtliche Wasserwerk (Internet), daran sollte sich der Filter orientieren. Im Zweifelsfall berät der Teehändler. Brauchbar sind auch stille Mineralwässer ohne metallischen Eigengeschmack. Sehr gut geeignet ist Wasser aus einer Umkehr-Osmose-Anlage.

3. Temperatur

Teewasser darf nur kurz (ca. 4–5 Sekunden) kochen, weil es sonst zu viel Sauerstoff verliert und «totkocht». Schwarztees werden mit sprudelnd kochendem Wasser aufgegossen. Weiße oder grüne Tees und Oolongs sollten – je nach Sorte, erste Orientierung gibt der Packungsaufdruck – mit 60–90 °C heißem Wasser zubereitet werden, weil sie sonst bitter schmecken. Wer sichergehen will, leistet sich ein Tee-Thermometer für 7–15 Euro. Je nach Umgebungstemperatur ist das Wasser in 6–9 Minuten nach dem Kochen auf die richtige Grüntee-Temperatur abgekühlt.

4. Teemenge und Ziehzeit

Als Faustregel für die Dosierung gilt: 12 Gramm Tee auf einen Liter Wasser. Dosierung nach «Löffelzahl» ist weniger empfehlenswert, weil Teesorten verschieden schwer sind und unterschiedliche Konsistenz zeigen: Assam-Broken-Sorten zum Beispiel haben nur einen Bruchteil des Volumens von großblättrigen Oolongs. Welche Menge für welchen Tee am besten ist, entscheiden der persönliche Geschmack und der gewünschte Effekt: Für einen Wachmacher nimmt man etwas mehr Tee und lässt ihn 2 Minuten ziehen. Fast das gesamte Koffein ist dann gelöst im Aufguss. Bei längerer Ziehzeit lösen sich verstärkt Aminosäuren (Theanin) und (oft bittere) Catechine, die dämpfend wirken. Länger als 5 Minuten sollte Tee generell nicht ziehen. Nur einige milde chinesische Tees, die auch «vom Blatt getrunken», also in der Tasse verbleiben und meist mehrfach aufgegossen werden können, vertragen längere Ziehzeiten.

5. Zubereitung, Geschirr, Zubehör

Optimal ist die Zubereitung in zwei Kannen: In einer vorgewärmten Kanne wird die gewünschte Teemenge mit dem kochenden oder heißen Wasser aufgegossen. Nach einer Ziehzeit zwischen 2 und 5 Minuten – bei Schwarztee mit geschlossenem, bei Grüntee besser mit offenem Deckel – wird der fertige Tee durch ein Sieb in eine Servierkanne abgegossen. Fast ebenso gut und bequemer ist die Benutzung einer vorgewärmten Teesiebkanne, bei der das Sieb mit den Blättern nach dem Ziehen einfach herausgehoben wird. Wichtig ist, dass die Teeblätter sich im Sieb voll entfalten können. Sie sollten im Wasser schwimmen, damit die Inhaltsstoffe sich lösen können. Deshalb sind weder Tee-Eier noch Siebzangen noch enge Kannensiebe oder Teenetze empfehlenswert.

Die Zugabe von Zucker kann das Teearoma beeinträchtigen und ist deshalb in China, Japan und Korea unüblich. Wer süßen Tee bevorzugt, sollte weißen Teekandis verwenden, der relativ wenig Eigengeschmack mitbringt. Kräftigere Tees wie Assam vertragen auch gut das leichte Rum-Flavour von Rohrzucker oder braunem Kandis. Zitrone passt gut zu Ceylon- oder Nilgiri-Tees. Dass Tee sich aufhellt, wenn Zitrone zugegeben wird, hängt zusammen mit der Wirkung der Fruchtsäure auf die Gerbstoffmoleküle des Tees, die deren Farbe verändert – eine völlig natürliche Reaktion.

Flüssige Sahne wird gern zu Ostfriesischen Mischungen und auch kräftigen Assam-Tees hinzugefügt, ebenso Milch zu Englischen Mischungen. Die Zugabe von Rum ist abhängig von persönlichem Geschmack, Alkoholtoleranz und – vor allem in Küstengegenden – Wetterlage.

Inländer-Rum ist allerdings neben Schwarztee Pflichtbestandteil im österreichischen Jagertee, den sich das Land beim EU-Beitritt als Herkunftsbezeichnung durch Verordnung EG Nr. 110 / 2008 schützen ließ. Das Heißgetränk ist besonders bei Skifahrern beliebt zum Aufwärmen auf der Hüttn und zur Abrundung der Schwünge bei der Abfahrt. In Deutschland wird dasselbe Getränk als «Hüttentee» verkauft, natürlich auch in Supermärkten als Fertigmischung, die mindestens 15 Prozent Alkohol und 100 Gramm Invertzucker enthalten muss. Die Getränkeindustrie produziert in Österreich jährlich etwa 600 000 Liter Jagertee, in Deutschland rund 400 000 Liter Hüttentee.

Die Auswahl des Teegeschirrs ist Geschmackssache. Die Bandbreite reicht von teurem historischem Porzellan über Glas bis zu unglasiertem Steinzeug. Buntmetallkannen reagieren in aller Regel mit den Gerbsäuren des Tees und verleihen ihm einen Beigeschmack. Zweckmäßig sind Glas und Porzellan, weil sie geschmacksneutral sind, ohne Spülmittel sauber gehalten werden können und daher für unterschiedliche Teesorten geeignet sind. Steinzeug sollte immer nur für eine Teesorte verwendet werden, weil es deren Geschmack annimmt. Weißes Porzellan macht unterschiedliche Farben und Glanz von Tee besser sichtbar in der Tasse. Es ist deshalb für professionelle Verkostungsgeschirre Standard, aber auch für die private Verwendung empfehlenswert.

Stövchen oder Rechauds zum Warmhalten der Kanne sind meist hübsch anzusehen, strahlen Gemütlichkeit aus und sind für Schwarztees unbedenklich, wenn die Flamme klein gehalten wird. Das Aroma von weißen oder grünen Tees wird dagegen beeinträchtigt, wenn die Kanne auf einem heißen Rechaud steht.

NACHWORT

Nach einer langen Reise durch die Welt des Tees in ihrer Vielfältigkeit und Geschichte, bei der auch einige Problemzonen nicht ausgeblendet wurden, bleibt am Ende ein durchaus positives Fazit: Teefreunde können sich glücklich schätzen, heute in Deutschland, Österreich oder der Schweiz zu leben. Wir brauchen uns keine Sorgen zu machen wegen der einwandfreien Beschaffenheit des im Handel angebotenen Tees, darüber wachen sowohl die Teelabors der Firmen wie auch die des Bundesinstituts für Risikobewertung. Wir haben das Glück einer freien und breiten Auswahl vom exklusiven, handgearbeiteten Artisanal Tea über den feinen Nachmittagstee bis hin zum Alltagsaufguss mit dem Teebeutel. Wenn wir besonders interessiert sind an bestimmten Teekulturen, können wir fachlich qualifizierte Einführungskurse besuchen, zum Beispiel in Ostasiatischen Museen oder auch bei Teemeistern japanischer Schulen. Oder wir können uns in elegantem Ambiente verwöhnen lassen bei einem «Royal Afternoon Tea», den Hotels wie das Vier Jahreszeiten in Hamburg oder das Berliner Adlon zelebrieren – mit hervorragenden, am Tisch gebrühten Blatt-Tee-Sorten und fachkundiger Kommentierung durch geschultes und freundliches Personal. Was Küche und Patisserie dort auf die Etageren zaubern, sind oft kleine Überraschungen und Geheimnisse – Festmomente für Zunge und Gaumen. Allzu genaue Fragen nach Rezepten ... werden manchmal beantwortet, Geheimnis ist und bleibt aber meist Geheimnis.

Nicht nur in solchen Genussmomenten gehen manche Gedanken und Erinnerungen zu unseren französischen Nachbarn und ihrem

Umgang mit dem Wein. Ein Grand Cru Classé bekommt den an-
erkennenden Respekt, den er verdient und der den Genuss noch stei-
gert. Der Beaujolais Primeur wird gefeiert, wenn er «angekommen»
ist – für Teetrinker entspricht das dem First Flush Darjeeling oder
dem Shincha. Franzosen sind auch bereit, für ihren Genuss zu bezahlen – einige der schönsten und bestsortierten Teeläden der Welt wie
Mariage Frères sind in Paris zu finden, unter anderen mit Exponaten
aus der Blütezeit der aristokratisch-französischen Teekultur im
18. Jahrhundert in den angegliederten Teemuseen. Beim «Darjeeling
Haute Couture» lohnt allerdings der Qualitäts- und Preisvergleich mit
dem Angebot deutscher Teehändler.

Wichtiger als alle praktischen Ratschläge, Utensilien oder Reise-
tipps ist aber für jede Teeliebhaberin und jeden Teeliebhaber die persönliche Einstellung zum Tee, der eben kein Getränk wie irgendein
anderes ist. Sein stiller Zauber lädt ein, die Zeitfenster des Alltags eine
Weile zu schließen, aus allen Tretmühlen auszusteigen und sich ganz
auf den Tee in der Tasse, das eigene Empfinden beim Trinken und –
vielleicht – anwesende Gäste zu konzentrieren: «Man trinkt Tee, um
den Lärm der Welt zu vergessen», wie der chinesische Gelehrte T'ien
Yiheng sagte. Keine Flucht aus der Welt, sondern ein freundliches
Lächeln, auch über die eigenen Schwächen – aus dem Abstand, der
viele Dinge des Lebens so einfach erscheinen lässt, wie sie vielleicht
wirklich sind. Und der größte aller Teemeister stellt fest, dass das
Wesentliche am Tee ist, dass er gut schmeckt – kein Teetrinker der
Welt wird das anders sehen:

> Man ruft im Sommer ein Gefühl von Kühle hervor,
> im Winter warme Geborgenheit.
> Man verbrennt Kohle und sieht das Wasser kochen,
> man macht Tee und sieht, dass er gut schmeckt.
> Es gibt kein anderes Geheimnis.
> (Sen no Rikyū, 1522–1591)

EMPFEHLUNGEN ZUM
WEITERLESEN

Teegeschichte

Adrian, Hans G.; Temming, Rolf L.; Vollers, Arend, *Das Teebuch: Geschichte und Geschichten. Anbau, Herstellung und Rezepte*, Wiesbaden (1983)

Driem, George van, *The Tale of Tea*, Leiden (2019)

Ellis, Markman; Coulton, Richard; Mauger, Matthew, *Empire of Tea. The Asian Leaf that Conquered the World*, London (2015)

Heiss, Mary Lou; Heiss, Robert J., *The Story of Tea. A Cultural History and Drinking Guide*, Berkeley (2007)

Krieger, Martin, *Geschichte des Tees*, Köln, Weimar, Wien (2021)

Krieger, Martin, *Tee. Eine Kulturgeschichte*, Köln, Weimar, Wien (2009)

Pratt, James Norwood, *A Tea Lover's Treasury*, San Francisco (1982, ³2002)

Rappaport, Erika, *A Thirst for Empire. How Tea Shaped the Modern World*, Princeton (2017)

Fakten, Wirtschaft, Sozialgeschichte

Bernstein, William J., *A Splendid Exchange. How Trade Shaped the World*, New York (2008)

Chaudhuri, K. N., *The Trading World of Asia and the English East India Company, 1660–1760*, Cambridge (1978)

Dalrymple, William, *The Anarchy: The East India Company, Corporate Violence, and the Pillage of an Empire*, New York, London (2019)

Deutscher Tee & Kräutertee Verband e.V., Sonninstr. 28, 20097 Hamburg: Jahresberichte Tee-Report (aktuelles statistisches Material), https://www.teeverband.de/presse/marktzahlen/id-2020/teereport/

Feldheim, Walter, *Tee und Tee-Erzeugnisse*, Berlin (1994)

Griffiths, Percival Joseph, *The History of the Indian Tea Industry*, London (1967)

Hobhouse, Henry, *Seeds of Change: Six Plants That Transformed Mankind*, Berkeley (1992, ²2006)

International Tea Committee, London: *Annual Bulletin of Statistics* (1909–2019)

Luig, Benjamin, *Edle Tees für Hungerlöhne: Teeexporte von Darjeeling nach Deutschland*, (Hg.), Rosa-Luxemburg-Stiftung, Berlin (2019)

Luig, Benjamin, «Als exportiere man Luft – Die Marktmacht von Nahrungsmittelkonzernen am Beispiel Tee», in: Brot für die Welt; Misereor; Welt-Sichten (Hg.), Dossier *Welthandel im Umbruch*, Frankfurt / M. (2014 / 15), S. 13 f.

Macfarlane, Alan; Macfarlane, Iris, *The Empire of Tea: The Remarkable History of the Plant that Took Over the World*, Woodstock (2003)

Misereor; Germanwatch (Hg.), *Bericht 2020 – Globale Agrarwirtschaft und Menschenrechte: Deutsche Unternehmen und Politik auf dem Prüfstand*, Aachen (2020)

Misereor (Hg.), *Harvesting Hunger. Plantation Workers and the Right to Food*, Aachen (2014)

Moxham, Roy, *Tea, Addiction, Exploitation, and Empire*, London, New York (2003)

Oxfam Deutschland (Hg.), *Schwarzer Tee – weiße Weste*, Berlin (2019)

Pettigrew, Jane, *A Social History of Tea*, London (2001)

Sarkar, Goutam Kumar, *The World of Tea Economy*, Oxford (1972)

Stuchtey, Benedikt, *Geschichte des Britischen Empire*, München (2021)

Varma, Nitin, *Coolie of Capitalism. Assam Tea and the Making of Coolie Labour*, Berlin, Boston (2017)

Gesundheit

Landolt, Hans Peter u. a., «Vigilance and the Effects of Caffeine on Neurobehavioural Performance and Sleep EEG After Sleep Deprivation», *British Journal of Pharmacology* (2011)

Langley-Evans, Simon, «Consumption of Black Tea Elicits an Increase in Plasma Antioxidant Potential in Humans», *International Journal Food Science and Nutrition* 51 / 5 (2000)

Rashidinejad, Ali; Birch, E. John; Sun-Waterhouse, Dongxiao; Everett, David W., «Addition of Milk to Tea Infusions: Helpful or Harmful? Evidence from In vitro and In vivo Studies on Antioxidant Properties», *Critical Reviews in Food Science and Nutrition* (2015)

Stangl, Verena; Lorenz, Mario u. a., «Addition of Milk Prevents Vascular Protective Effects of Tea», *European Heart Journal* 28 / 2 (2007)

Weinberg, Bennet Alan; Bealer, Bonnie K., *The World of Caffeine: The Science and Culture of the World's Most Popular Drug*, New York (2001)

W. I. T. (= Wissenschaftlicher Informationsdienst Tee) bei: Deutscher Tee & Kräutertee Verband e.V., Sonninstr. 28, 20097 Hamburg, https://www.tee verband.de/publikationen/ (pdf-Dateien zum Download, mit Zusammenfassungen des Forschungsstandes zum jeweiligen Thema)

– Aktas, Orhan, «Antiinflammatorische und neuroprotektive Wirkungen des Tee-Inhaltsstoffes EGCG: Mögliche Rolle bei der Behandlung der Multiplen Sklerose» (2006)

– Bareis, Petra, «Human-Studien zur Bio-Verfügbarkeit von Catechinen» (2002)

– Bertram, Barbara, «Schutzwirkung von Tee auf Magen- und Darmkrebs» (2002)

– Ehrnhöfer, Dagmar E., «Inhibitor der amyloiden Proteinaggregation in grünem Tee: Die Wirkung des Tee-Inhaltsstoffs EGCG gegen Eiweißablagerungen bei Parkinson, Alzheimer und anderen Erkrankungen» (2010)

– Engelhardt, Ulrich H., «Was man kennt und doch nicht weiß – Theogallin und Theanin» (2009)

– Engelhardt, Ulrich H., «Häufig gestellte Fragen zu Tee» (2006)

– Engelhardt, Ulrich, «Flavonoide – in Tee, anderen Getränken und Lebensmitteln» (1999)

– Engelhardt, Ulrich H.; Hilal, Yumen, «Weißer Tee – koffeinfrei und besser als alle anderen?» (2008)

– Feucht, Walter; Polster, Jürgen, «Tee-Catechine in pflanzlichen, tierischen und bakteriellen Zellen: Aspekte zu ihrer biologischen Rolle» (2004)

– Lorenz, Mario, «Grüner und schwarzer Tee besitzen vergleichbare Wirkungen auf das kardiovaskuläre System – Die Rolle individueller Tee-Substanzen» (2009)

– Manz, Friedrich, «Flüssigkeitsversorgung von Teetrinkern und Nicht-Teetrinkern in Deutschland» (2004)

– Renk, Cordelia, «Klinische Studien über Tee» (2009)

– Schröder, Eva-Maria, «Gesundheitsfördernde Wirkungen von Tee (camellia sinensis) – ein Überblick» (2010, mit weiterführenden Hinweisen)

– Schröder, Eva-Maria, «Neuroprotektive Effekte von Koffein – eine prospektive Bevölkerungsstudie» (2008)

– Stehle, Peter, «Neue epidemiologische Daten aus Japan: Der Konsum von grünem Tee korreliert invers mit der Todesursache ‹Kardiovaskuläre Erkrankung›» (2007)

– Stohwasser, Ralf; Oehme, Ina, «Inhibierung extra- und intrazellulärer Proteasen durch Tee-Polyphenole: Mechanismen der Krebsprävention?» (2005)

– Westphal, Sabine, «Untersuchungen zum Potenzial des grünen Tees in der Therapie chronisch entzündlicher Darmerkrankungen» (2009)

Teekulturen

Blofeld, John, *The Chinese Art of Tea*, London (1985)

Brand-Lederer, Ruth, *Tee*, Völkerkunde-Museum der Universität Zürich (1990)

Cave, Henry W., *Golden Tips. A Description of Ceylon and its Great Tea Industry*, London (1900), repr. New Delhi, Madras (1994)

Crossette, Barbara, *The Great Hill Stations of Asia*, New York (1998)

Dilmah Ceylon Tea Company PLC (Hg.), *Wisdom in the Leaf*, Colombo (2020)

Evans, J. C., *Tea in China*, New York (1992)

Forrest, Denys, *A Hundred Years of Ceylon Tea, 1867–1967*, London (1967)

Fortune, Robert, *A Visit to the Tea Districts of China*, London (1852)

Fortune, Robert, *Wanderings in China*, London (1843)

Gaylard, Linda, *The Tea Book*, London, München (2015)

Goetz, Adolf, *Teegebräuche in China, Japan, England, Russland und Deutschland*, Berlin (1989)

Gurung, J. P., *Muscatel Memories*, Sonada, Siliguri (2021)

Haddinga, Johann, *Das Buch vom ostfriesischen Tee*, Leer (1986)

Hammitzsch, Horst, *Zen in der Kunst der Teezeremonie*, München (1988)

Hammitzsch, Horst, *Cha-dō, der Tee-Weg. Eine Einführung in den Geist der japanischen Lehre vom Tee*, München (1958)

Koehler, Jeff, *Darjeeling. A History of the World's Greatest Tea*, New York, London, New Delhi (2015)

Lillywhite, Bryant, *London Coffee Houses*, London (1963)

Lu Yu, *Chajing*, hg. v. Francis R. Carpenter, Boston, Toronto (1974)

Mergenthaler, Markus (Hg.), *Tee-Wege*, Dettelbach (2013)

Okakura, Kakuzō, *Das Buch vom Tee*, Leipzig (⁶1933)

Rosen, Diana, *Chai: The Spice Tea of India*, Pownal (1999)

Sen no Rikyū, *Zen-Worte im Tee-Raume*, hg. v. Akaji Sotei (1917), übers. v. Hermann Bohner, bearb. v. Heinz Morioka, München (2007)

Skinner, Julia, *Afternoon Tea. A History*, London, New York (2019)

Suzuki, Daisez T., *Zen and Japanese Culture*, Princeton (1993)

Twining, Stephen H., *The House of Twining, 1706–1956*, London (1956)

Vollers, Arend, *Darjeeling: Land des Tees am Rande der Welt*, Braunschweig (1981)

Weatherstone, John, *Tea – A Journey in Time: Pioneering and Trials in the Jungle*, Hindringham, Fakenham (2008)

Weatherstone, John, *The Pioneers 1825–1900: The Early British Tea and Coffee Planters and their Way of Life*, London (1986)

Bilderbücher

Haller-Zingerlin, Cornelia, *Die Welt des Tees*, Neustadt a. d. Weinstraße (2006)
Pettigrew, Jane, *The Tea Companion. A Connoisseur's Guide*, London (1997), dt: *Tee. Das Handbuch für Genießer*, Köln (1998)
Schempp, Tilmann, *Tee. Geschichte – Kultur – Genuss*, Ostfildern (2006)

Rezeptbücher und Geschirr

Brissaud, Sophie, *Das isst die Welt zum Tee. Vom japanischen Frühstück und orientalischen Dinner bis zum High Tea*, Stuttgart (2009)
Gordon-Smith, Clare, *Teatime – Tee und Gebäck für den Nachmittag*, Köln (2000)
O'Connor, Sharon, *Afternoon Tea Serenade*, Emeryville (1997)
Pettigrew, Jane, *Design for Tea. Tea Wares from the Dragon Court to Afternoon Tea*, Stroud (2003)
Pettigrew, Jane, *The National Trust Book of Tea-Time Recipes*, London (1991)

BILDNACHWEIS

Karten: © Peter Palm, Berlin

S. 216: Hulton Archive / Freier Fotograf / Getty Images

S. 217: The Elisha Whittelsey Collection, The Elisha Whittelsey Fund, 1959 / Metropolitan Museum of Art

S. 222: Ostfriesisches Teemuseum Norden

Tafelteil S. I: Blackwell, Elizabeth, *Herbarium Blackwellianum*, Nürnberg 1760, Bd. 4, S. 351

Tafelteil S. II: Projektwerkstatt, Potsdam

Tafelteil S. III: Eric Chan W. C., CC BY-SA 3.0, Wikimedia Commons, https://commons.wikimedia.org/wiki/File:Camellia_sinensis_(flowers).JPG

Tafelteil S. IV: Peter Rohrsen, privat

Tafelteil S. V: TeeGschwendner, Meckenheim

Tafelteil S. VI: Aubert / Projektwerkstatt, Potsdam

Tafelteil S. VII: © Peabody Essex Museum / Bridgeman Images

Tafelteil S. VIII: Bridgeman Images

Tafelteil S. IX: Jack Spurling (1870–1933), Public domain, via Wikimedia Commons, https://commons.wikimedia.org/wiki/File:Jack_Spurling_-_ARIEL_%26_TAEPING,_China_Tea_Clippers_Race.jpg

Tafelteil S. X: Gisling, CC BY 3.0, Wikimedia Commons, https://commons.wikimedia.org/wiki/File:Teahouse-Nanjing.jpg

Tafelteil S. XI: © Rheinisches Bildarchiv Köln, Marion Mennicken, rba_d053192_07

Tafelteil S. XII: © Rheinisches Bildarchiv Köln, Marion Mennicken, rba_d033662

Tafelteil S. XIII: © Victoria and Albert Museum, London

Tafelteil S. XIV: © URA Architects & Engineers / Stiftung Humboldt Forum im Berliner Schloss / Staatliche Museen zu Berlin, Museum für Asiatische Kunst / Foto: David von Becker

Tafelteil S. XV: © Victoria and Albert Museum, London

Tafelteil S. XVI: The Ritz London, Foto: Jack Hardy

REGISTER